Mehmet Siraç Özerdem

Sismik Anomalilerin YSA Yöntemi ile Tanınması ve Sınıflandırılması

Mehmet Siraç Özerdem

Sismik Anomalilerin YSA Yöntemi ile Tanınması ve Sınıflandırılması

Türkiye Alim Kitapları

Impressum / Künye
Bibliografische Information der Deutschen Nationalbibliothek: Die Deutsche Nationalbibliothek verzeichnet diese Publikation in der Deutschen Nationalbibliografie; detaillierte bibliografische Daten sind im Internet über http://dnb.d-nb.de abrufbar.

Deutsche Nationalbibliothek tarafından yayınlanan bibliyografik bilgiler: Deutsche Nationalbibliothek, bu yayını Deutsche Nationalbibliografie'de listeler; detaylı bibliyografik bilgi İnternet'te http://dnb.d-nb.de sitesinde mevcuttur.

Coverbild / Kitap kapağı resmi: www.ingimage.com

Verlag / Yayıncı:
Türkiye Alim Kitapları
ist ein Imprint der / yayınevinin bir ticari markasıdır
OmniScriptum GmbH & Co. KG
Bahnhofstraße 28, 66111 Saarbrücken, Deutschland / Almanya
Email / E-posta: info@turkiye-alim-kitaplary.com

Herstellung: siehe letzte Seite /
Basım yeri: son sayfaya bakın
ISBN: 978-3-639-81347-0

Sismik Anomalilerin Yapay Sinir Ağları Yöntemi ile Tanınması ve Sınıflandırılması

Mehmet Siraç ÖZERDEM

İçindekiler

Kısaltmalar

EKGDT	: Elektrostatik Kayaç Gerginlik İzleme Yöntemi ile Deprem Tahmin Sistemi
TEA	: Tek Kutuplu Elektrik Alanı
YSA	: Yapay Sinir Ağı
ÇKA	: Çok Katmanlı Ağ
LVQ	: Learning Vector Quantization, Vektör Kuantalamayı Öğrenme
SOM	: Self Organizing Map, Özdüzenlemeli Özellik Haritalama Ağı
KZFD	: Kısa Zamanlı Fourier Dönüşümü
ADD	: Ayrık Dalgacık Dönüşümü
GPS	: Global Positioning System

Tablo Listesi

Şekil Listesi

Sembol Listesi

w_k	: Ağırlık vektörü
X_k	: Nöron giriş vektörü
n,t	: Adım sayısı
θ	: Eşik seviyesi
y	: Nöron çıkış vektörü
$e_j(n)$	: Ani hata değeri
$\varepsilon(n)$	: Toplam ani hata değeri
C	: Küme
$v_j(n)$	: Katmanın çıkış fonksiyonu
η	: Öğrenme katsayısı
η_0	: Başlangıç öğrenme katsayısı
$\delta_j(n)$	: Yerel gradyan
α	: Momentum
m	: Nöron giriş sayısı
l	: Nöron çıkış sayısı
z^{-1}	: Gecikme
i(x)	: Euclidean uzaklığı
$h_{j,i}$	: Topolojik komşuluk
$d_{j,i}$	: Yanal mesafe
σ	: Etkin komşuluk genişliği
τ_1	: Birinci zaman katsayısı
τ_2	: İkinci zaman katsayısı
B	: Benzerlik oranı
$\widetilde{x}, \widetilde{y}$	: Ölçeklenmiş veri
k1_ns	: Birinci katman nöron sayısı
k2_ns	: İkinci katman nöron sayısı
giriş_ns	: Giriş katmanına ilişkin nöron sayısı
çıkış_ns	: Çıkış katmanına ilişkin nöron sayısı
t_p	: Yakınsama aşamasının başlangıç adım değeri
t_q	: Eğitme aşamasının sonlandırılacağı adım sayısı
dw_{ort}	: Ortalama ağırlık artış miktarı
W(j,k)	: Ayrık dalgacık dönüşümü
$Y_{yüksek}[k]$	: Yüksek geçirgen filtre

$Y_{alçak}[k]$	: Alçak geçirgen filtre
E_t	: Toplam hata değeri
a,b,c	: Modele ilişkin matris katsayıları
Q	: Havada toplanan yük miktarı
D	: Deplasman
ε	: Dielektrik katsayısı
E	: Elektrik alan şiddeti
V_{GS}	: Geçit – kaynak gerilimi
Cc	: Elektrod
I_{DS}	: Savak akımı
r	: Duyarga küresinin yarıçapı
T(s)	: Tek kutuplu duyarganın transfer fonksiyonu
R_5	: Ölçüm direnci
Qg	: Geçit yükü
a_n	: Katman kalınlığı
P	: Basınç
d	: Anizotropik mineral oranı
l	: Ortalama fay uzunluğu
μ	: Ortalama statik fay sürtünmesi

Sismik Anomalilerin YSA Yöntemi ile Tanınması ve Sınıflandırılması

Özet

Bazı doğa olaylarının ve canlı davranışlarının olağan dışı değişimlerinden faydalanarak, depremi öngörmeye yönelik bir yöntem ortaya konulamamıştır. Bugüne kadar yapılan çalışmalarda çoğunlukla depremi öngörme yolunda geçmişteki kayıtların stokastik değişimleri dikkate alınmıştır. Bu çalışmada, kayaç gerginliği sonucu ortaya çıkan elektrik alan ölçümleri kullanılarak depreme ilişkin sismik anomalileri tanıma ve sınıflama üzerine yoğunlaşılmıştır. Ayrıca olası depremin öngörüsünde bazı ipuçların elde edilmesi üzerine çalışılmıştır.

Bir doğa olayı olan deprem doğrusal özellikte olmadığı gibi tam olarak ta modellenememektedir. Yapay sinir ağının örüntüyü öğrenme ve tanıma özellikleri kullanılarak depreme ilişkin sismik anomlilerin tanınması ve sınıflandırılması bu çalışmanın temel hedefi olmuştur.

Depremle ilişkili tek kutuplu elektrik alan ölçüm duyargasıyla elde edilen değerler zamana bağlı örüntüler oluşturur. Bu örüntüler yapay sinir ağları yöntemi yardımıyla değerlendirilmiştir. Değerlendirme işleminin ilk aşamasında, örüntü boyutunun büyük olması yapay sinir ağının hesaplama yükünü artırmıştır. Bu yükü azaltmak için Hebbian tabanlı ilkesel bileşen analizi kullanılarak örüntü boyutu indirgenmiştir. Boyutu indirgenen örüntüler ise bir sonraki aşamada yapay sinir ağının giriş vektörleri olarak kullanılmıştır.

Gerçeklenen çalışma, sınıflama ve olası depreme ilişkin çeşitli ipuçların temini olmak üzere iki kısımdan oluşmaktadır. Birinci kısım sınıflama üzerine olup, deprem öncesi görülebilecek olağan dışı değişimlerin tanınması ve saptanmasına ayrılmıştır. Bu saptama işleminde gerçeklenen uygulamalar sırasıyla şöyle açıklanabilir: Çok katmanlı algılayıcı ile olağan dışı değişimlerin saptanması, özdüzenlemeli özellik haritalama ağları ile olağan dışı ve olağan değişimlerin sınıflandırılması, özdüzenlemeli ağları ile oluşan sınıfların çok katmanlı algılayıcı ve vektör kuantalamayı öğrenme yöntemleri ile etiketlenmesi, dalgacık yöntemi ile olağan ve olağan dışı değişimlere ilişkin dalgacık dönüşüm katsayılarının hesaplanması ve katsayıların sınıflandırılması, dalgacık dönüşüm katsayılarının neticesinde oluşan sınıfların etiketlenmesinde çok katmanlı algılayıcının kullanılması, en küçük kareler yöntemi ile olağan dışı değişimin kabaca modellenmesidir. Gerçeklenen bu uygulamalar sonucunda, deprem habercisi olan örüntü yüksek bir başarı oranı ile saptanmıştır.

Saptanan örüntü ikinci kısımda değerlendirilmeye alınmış: değerlendirme işleminde çok katmanlı yapay sinir ağları kullanılmıştır. Saptanan örüntü değişimden, öznitelik (uzaklık, büyüklük ve süre) bilgilerinin öngörülmesine yönelik çalışmalar yapılmıştır. Çalışma sonrasında saptanan sonuçlar şöyle özetlenebilir: Örüntü sayısının artması, elde edilen saptama ve öngörü sonuçlarını iyileştirmiştir, öngörü başarı oranının normal olasılıkların üzerinde olduğu gözlenmiştir.

The Recognition and Classification of Seismic Anomalies by ANN Method

Summary

No method could be offered which has been interested in the predicting of the earthquake by the interpretation of the anomalies of some natural events and living organisms' behaviours. In the studies so far, mostly the stochastic changes of past records are taken into account for the prediction of the earthquake. What is concentrated on in this study is, by using the electric field measurements due to the stress of rocky blocks, the recognition and classification of seismic anomalies related with the earthquake. Additionally, studied on the acquisition of some clues related with the prediction of probable earthquake.

Earthquake is a natural event which has no linear property and cannot be modelled exactly. Recognition and classification of seismic anomalies related to earthquake by means of pattern learning and recognition property of artificial neural networks (ANN) is the essential goal of this study.

The values obtained through the sensor to measure earthquake-related monopolar electric field constitute time dependent patterns. These patterns are analysed and evaluated by the help of ANN. Since the size of the pattern is very large in the first phase of the evaluation process, the computational load of the ANN is increased. In order to decrease this computational load the pattern size is reduced by an Hebbian based component analysis methods. At the next step, reduced sized patterns are used as the input vectors of artificial neural networks.

The study realized throughout the study consists of two parts: Classification and getting various clues related with probable earthquake. The first part is about classification and covers the issue of detection of abnormal changes that could be seen prior of an earthquake. The applications used in this detection process can be listed as follows: Detection of abnormal changes by multilayer perceptron; classification of abnormal and normal changes by using Self Organizing Maps; labelling classes, which are generated by self-organizing maps, by means of multi-layer perceptron and learning vector quantization methods; calculating the wavelet transformation coefficients for normal and abnormal changes, and classification of these coefficients, using multi-layer perceptron to label the classes which are produced as a result of computing wavelet transformation coefficients, and coarse modelling of abnormal change by use of least-squares method. As a result of these realized applications, it is observed that the pattern which occurs before the earthquake is recognised with high success ratio.

The recognised pattern is evaluated in the second phase. Multi-layer networks are used at the process of evaluation. From the recognised pattern change, the estimation of properties, i.e. distance, magnitude, and time is realized. Brief conclusions that can be drawn from the study are: an increase in pattern number improves the obtained recognition and estimation results and estimation success ratio is above the normal statistical values.

1. Giriş

Bu bölümde çalışmanın amacı, hedefi ve kapsamı genel hatlarıyla anlatılmıştır. Çalışmanın konusu bilgi teknolojilerini kullanarak depremle ilgili olabilecek sismik anomalileri belirlemektir. Deprem konusu doğal olarak yer bilimcilerin konusudur. Depremin önceden bilinmesi konusunda çalışan araştırmacıların değişik önerileri ve çözümlerinin varlığı bilinmektedir.

Giriş bölümünde uzmanlık alanımıza girmeyen deprem konusu bizim gibi bilişim alanında çalışanların anlayabilmesi için kısaca tanıtılacaktır. Ayrıca uzmanlığı deprem olan araştırmacıların bugüne kadar yapmış oldukları deprem öngörüsüne yönelik çalışmalarına da değinilecektir. Daha sonra bu çalışmanın içeriği tanıtılacaktır.

1.1. Deprem

Türkiye, dünya deprem kuşakları içerisinde yer alan ve depremselliği en yüksek olan ülkelerden biridir. 1900 yılı öncesinde depremlerin sadece gözlemlendiği ve kaydının tutulduğu bilinmektedir. Yirminci yüzyılda ise depremin aletsel olarak ölçüldüğüne tanık olmaktayız. Bu kayıtlardan Anadolu' da yıkıcı birçok depremin yaşanmış olduğunu öğrenmekteyiz.

Dünya yüzeyini kaplayan Litosfer parçaları (levhalar) ve bu levhaları oluşturan kayaçlar yavaş ama sürekli bir hareket halindedirler. Göreceli olarak plakalar birbirlerine göre uzaklaşır, yaklaşır veya yanal olarak kayarlar. Bu hareketler sonucunda da yerkabuğu gerilerek, sıkışarak veya makaslanarak deforme olur. Kıtaların çarpışmalarından, bindirmelerden, dalma-batma, uzaklaşma, açılma hareketlerinden bahsedilir. Levhalardaki devinim yer kabuğunda bozulma (deformasyon), gerilme birikimleri ve dolayısıyla kırılmalara neden olmaktadır. Kırılmalar depremin ana kaynağıdır [1].

Bilindiği üzere depremlerin öncesinde meydana gelen çeşitli olağan dışı olaylar dikkate alınarak, depremi öngörmek için şu ana kadar çeşitli fiziksel büyüklükler gözlemlenmiştir ve bu alanda bir çok çalışmanın devam ettiği bilinmektedir. Üzerinde yoğunlaşılmış çalışmalar şöyle sınıflandırılabilir:

1.Kuyu su seviye ölçümleri [2],

2.Yeraltı kaynak sularının sıcaklıklarındaki değişimlerinin ölçülmesi [3],

3. Radon gazı yayılması [4],

4. GPS verileri ile uzun süreli bölgesel ötelemelerin belirlenmesi [5],

5. Yerin manyetik alanındaki sapma miktarının ölçülmesi,
6. Yerin elektrik alanındaki değişimlerin ölçülmesi
7. Sismik dalga hızlarındaki değişimin belirlenmesi
8. Deprem öncesinde gözlenen olağan dışı hayvan davranışlarının izlenmesi [6]

gibi bir çok fiziksel değişime bakılarak depremin yaklaşık yeri, zamanı ve büyüklüğü ile bir depremi öngörmeye yönelik başarılı bir yöntem ortaya konulamamıştır.

1.2. Depremi Öngörme

Piezoelektrik özelliğe sahip mineraller doğada ve yer kabuğunda yaygın olarak bulunmaktadır. Kuvars (SiO_2) doğada en çok bulunan piezoelektrik malzemedir. Faylara yakın kayaçlar üzerinde bulunan piezoelektrik malzemeler kayaçların gerilmesine bağlı olarak elektrik gerilimi üretirler. Bu elektrik gerilimi dünya üzerinde gerilme ile orantılı bir elektrik alanının oluşmasına neden olmaktadır. Bu doğa olayının ölçülmesiyle ve izlenmesi yöntemiyle depremin önceden öngörülebileceği değerlendirilmektedir. Bu amaçla İTÜ Elektrik-Elektronik ve Maden Fakülteleri ortaklaşa "Elektrostatik Kayaç Gerginlik İzleme Yöntemi ile Deprem Tahmin Sistemi (EKGDT)" isimli bir projeyi 21.09.1999 tarihinde başlatmışlardır. Bu proje kapsamında yeryüzeyine yakın yerlerde elektrik alanını ölçmek üzere Tek Kutuplu Elektrik Alan (TEA) ölçme duyargası [7] geliştirilmiştir. Marmara bölgesi ağırlıkta olmak üzere Türkiye'nin 16 değişik yerine bu duyarga yerleştirilmiş ve bu duyargaların ölçüm sonuçları bir iletişim ağı üzerinden İTÜ Bilgisayar Mühendisliğindeki sunucuya aktarılmaktadır. EKGDT projesinin amacı Litosferin yer yüzeyine yakın bölgesinde kayaçlar üzerindeki gerginlik değişimlerinin ölçülmesi ve değişik noktalardan alınan verilerin bir merkezde toplanarak değerlendirilmesi üzerinedir. Şu ana kadar yapılmış olan çalışmalar depremlerin öngörülebileceğine dair bazı ipuçları vermektedir.

EKGDT yönteminin diğer fiziksel büyüklükleri dikkate alarak gerçeklenen çalışmalara göre önemli farklılıkları bulunmaktadır. GPS ölçümleri sayesinde levhaların hareket miktarı dolayısıyla birbirlerine olan uzaklıkları ölçülebilinmektedir. Levhaların hareket etmeleri ile depremin oluşmasını sağlayan gerilme birikimleri yaratılmaktadır. Ancak hareket miktarının hangi eşik seviyesini aştığında depremin oluşacağı belirsizdir. Sadece hareket artış hızına ve toplam hareket miktarına bakılarak orta ve uzun vadeli tehlike analizleri yapmak mümkündür.

Deprem öngörüsüne diğer bir örnek, yer kabuğunda Radon gazının yeryüzüne çıkış miktarındaki artışının ölçülmesidir. Ancak Radon gazının debisi ve açığa çıktığı yer olası depremin yeri ve büyüklüğü hakkında kesin bilgi vermemektedir. Dolayısıyla bu yöntem de tam geçerlilik kazanmış yöntem sayılmamaktadır.

Kuyulardaki su seviyesinin yükselmesi olayının da depremle ilişkili olduğu ve depremin habercisi olduğuna dair çalışmalar vardır. Ancak kuyunun yeri depremin oluşacağı yere yakın ise bu değişimin bir anlamı vardır. Bununla beraber su seviyesinin yükselme hızı ile depremin yeri, büyüklüğü ve zamanı arasında tam bir ilişki kurulamamıştır.

S. Uyeda [8] (Earthquake Prediction Research Center, Tokai University) tarafından benzer amaçla VAN adını verdikleri bir yöntem geliştirilmiş ancak belirgin bir başarı sağlanamamıştır. VAN yönteminde toprak üzerindeki iki nokta arasındaki elektriksel potansiyel farkı ölçülmektedir. Oysa toprağın elektriksel özellikleri, sismik kaynaklı alan değişimler dışında, sıcaklık, nem ve basınç gibi çevre etkenleri ile de değişmektedir.

Bu çalışmada kullanılan ve depremle ilişkili olduğu varsayılan sismik anomaliler EKGDT yönteminde yerküreye yakın yükseklikte elektrik alanı olarak ölçülmektedir. Bu ölçümde kısa süreli küçük ya da büyük genlikli değişimlere rastlanmaktadır. Ancak bu değişimler bir alçak geçiren filtre ile süzülerek elektrik alanının temel bileşeninin değişimi izlenmektedir. Elektriksel alanın temel bileşeninde oluşan hızlı sıçrama ve düşüşlerin depremle ilişkili olabileceği literatürde tartışılmaktadır [9].

1.3. Çalışmanın Hedefi

İTÜ' de yürütülmekte olan "Elektrostatik Kayaç Gerginlik İzleme Yöntemi ile Deprem Tahmin Sistemi" adlı proje kapsamında tek kutuplu elektrik alan duyargasıyla yeryüzeyine yakın yerlerde elektrik alanı ölçülmektedir. Bu ölçümlerin depremlerle ilişkisi olduğu proje grubunca iddia edilmektedir. Bu çalışmanın amacı; bu ölçümlerde yer alan anomalilerin yapay sinir ağları yöntemi ile tanınması ve sınıflandırılmasıdır.

Bu çalışmaya, içerik ve kapsam açısından yakın olduğu düşünülen bir araştırma Dimililer tarafından gerçekleştirilmiştir [10]. "Earthquake Prediction Using Neural Networks" isimli bu çalışmada depremin genliği ve iki deprem arasındaki sürede oluşan ölçüm sonuçlarının bir zaman serisi oluşturduğu ve bu serinin depremle ilgili gerekli bilgileri içerdiği kabul edilmektedir. Ancak bu yöntemin başarısız olduğu vurgulanmaktadır.

Bu çalışmanın diğer çalışmalara göre farklı yönleri şöyle özetlenebilir.

- Farklı bir doğa büyüklüğü ölçülmektedir. Bu da kayaç gerginliği ile ortaya çıktığı öngörülen elektrostatik alandır.
- Depremin öngörülmesinde YSA yöntemi kullanılmıştır. Bu yöntemin farklı bir uygulamada Dimililer tarafından kullanıldığı bilinmektedir.
- YSA yöntemine ek olarak dalgacık (Wavelet) yöntemi ve en küçük kareler yöntemi kullanılmıştır.

YSA yönteminin özellikle kullanılmasının temel nedeni, birçok doğrusal olmayan ve tam olarak modellenemeyen doğa olaylarının öngörüsünde örüntü tanıma ve öğrenme yeteneğinin olmasıdır. Böylece depremle ilişkilendirilebilecek nitelikte olduğu varsayılan bir sismik anomalinin tanınması ve sınıflandırılması ile belli hatalar içinde bazı öngörülerin yapılabileceği bu çalışmada ortaya konmuştur.

Örneğin, Lee, T.L ve arkadaşlarının yaptığı bir çalışmada, Taichung Limanındaki (Tayvan) deniz seviyesinin gel-git olaylarından kaynaklı değişimlerinin öngörülmesi üzerine çalışılmıştır. Bu çalışmada YSA yöntemi kullanılmış ve deniz seviyesindeki eksik ölçümler, öngörülmeye çalışılmıştır [11].

Benzer alanda YSA uygulamaları açısından dikkate alınabilecek diğer araştırmalar: Campolo ve arkadaşları tarafından yapılan çalışmada, bir derenin su seviyesindeki değişimi ile birlikte taşma zamanını öngörmeye çalışılmıştır [12]. Diğer bir çalışmada French ve arkadaşları tarafından, yağışların öngörüsü üzerine yapılmıştır [13]. Schizas ve arkadaşlarının yaptığı çalışmalar ise YSA yöntemi ile hava durumunun ve en düşük hava sıcaklığının öngörüleri gerçeklenmiştir [14, 15].

1.4. Çalışmanın İçeriği

Bu çalışmanın ikinci bölümünde, sismik anomalilerin elde edildiği ve İTÜ' de yürütülen "*Kayaç Gerginlik İzleme Yöntemi ile Deprem Tahmin Sistemi*" adlı çalışma ilkesi kısaca aktarılmıştır. Yerkürenin dışında mesafeye bağlı olarak meydana gelen elektrik alan değişiminin ölçülmesi, TEA duyarga yapısı ve laboratuar deney sonuçları, ölçüm ve veri elde etme sistemi, normal günlük örüntüye uymadığı kolayca görülebilen olağan dışı örnekleri, yerküre için gerçeklenen çok katmanlı kapasitör modeli ve dilatans kavramları kısaca açıklanmıştır.

Çalışmanın üçüncü bölümü iki kısımdan oluşmaktadır. Birinci kısımda, TEA duyargasından alınan ölçümlerden olası depremin öncesinde görülen olağan dışı değişimin nasıl saptandığı anlatılmıştır. Bu saptama işleminde gerçeklenen uygulamalar sırasıyla: Çok katmanlı algılayıcı (Multy Layer Perceptron, MLP) ile olağan dışı değişimlerin saptanması, özdüzenlemeli özellik haritalama ağları (Self Organizing Map, SOM) ile olağan dışı ve olağan değişimlerin sınıflandırılması, oluşan sınıfların çok katmanlı algılayıcı ve vektör kuantalamayı öğrenme (Learning Vector Quantisation, LVQ) ile etiketlendirilmesi, dalgacık yöntemi (Wavelet) ile olağan dışı değişimlerin saptanması ve en küçük kareler (Least Square Method) yöntemi ile olağan dışı değişimin kabaca modellenmesidir. İkinci kısımda ise saptanan olağan dışı değişimden olası depreme ilişkin öznitelik (uzaklık, büyüklük ve zaman) bilgilerinin nasıl öngörülebileceği anlatılmıştır. Bu çalışma çok katmanlı algılayıcı ile gerçeklenmiştir. Ayrıca, çalışma kapsamında kullanılan yöntemlerin çalışmalarımızın anlaşılırlılığını artırmak ve bu yöntemlerin çalışmalarımız içinde nasıl kullanıldığını açıklamak için kısaca bu bölümde değinilmiştir.

2. Temel Alınan Çalışma

Bu çalışmanın hedefi İTÜ Elektrik Elektronik ve Maden Fakültelerinin birlikte yürüttükleri EKGDT projesinin kapsamında elde edilen ve depremle ilişkili olduğu varsayılan verilerin YSA ile tanınması ve anomalilerin sınıflandırılmasına yöneliktir. Bu nedenle bu bölümde söz konusu araştırma projesi tanıtılmıştır.

2.1. Tek Kutuplu Elektrik Alan Ölçümü ile Deprem Öngörüsü

Bu bölümde, litosferin yüzeye yakın bölgelerindeki kaya bloklarının gerilimiyle ilişkili olduğu varsayılan ve bir istasyon ağı ile ölçülen elektrik alan değişimlerinin oluşturduğu örüntüler ve değerlendirilme yöntemi ele alınmaktadır.

İTÜ Elektrik ve Elektronik Fakültesindeki araştırmalar sırasında, pek düşük frekanslı (ULF/ELF) elektrik alanlarındaki değişimlerin ölçümünü yüksek duyarlıkla yapabilecek yeni bir tek kutuplu elektrik alanı duyargası tasarlanmış ve patent konusu olmuştur [16]. Öngörü kaynağı olan örüntülerin incelenmesinde litosferin yüzeye yakın kısmına (üst kabuk) ilişkin çok katmanlı kapasite modeli kullanılmaktadır [17]. Bu modelde geliştirilen tek kutuplu elektrik alan ölçüm düzeneğinin duyargası, yer yüzeyi ile hava üzerinden kuple olmaktadır. Yüzeye yakın elektrik alan değişiminin, mekanik gerilmedeki bölgesel elektrik potansiyeli ile orantılı olduğu varsayılmıştır. 1999-2002 yılları arasında 16 gerçek zamanlı ölçüm istasyonu ve merkezi veri işleme biriminden oluşan bir veri toplama sistemi kurulmuştur. Büyüklüğü 4 ve daha yüksek olan depremlerin %65'inde, depreme en fazla 150 km uzaklıktaki istasyonlarda günlük periyodik değişimlerden kolaylıkla ayırt edilebilen olası olağan dışı örüntüler gözlemlenmiştir. Bu olağan dışı değişimler ilişkilendirilebilecek depremle olan etki süresi bakımından kısa vadeli, orta vadeli, orta-uzun vadeli ve uzun vadeli olarak sınıflandırılmıştır. Burada kısa vade 2-12 saatlik bir zaman dilimini, orta vade 12 - 48 saatlik bir zaman dilimini, orta-uzun vade 48 saat - 7 günlük bir zaman dilimini ve uzun vade ise 7 gün ve üzeri bir zaman dilimini göstermektedir. Bu ölçütler artçı depremlerin sıkça görüldüğü dönemlerde belirlenmiştir. Beklenen depremlerin sınıflandırılmasında, gözlem ve modele dayalı analizin yanısıra YSA yöntemi ile örüntülerin tanınması ve öğretilmesi kullanılmaktadır [18,19].

2.2 Piezoelektrik ve Tek Kutuplu Elektrik Alanı Ölçümü

Bir gerilim kaynağı ile yüklenmiş olan bir kürede en yüksek elektrik alan şiddeti küre yüzeyinde oluşur (Şekil 2.1). Elektrik alanı, kaynağın yüzeyine olan mesafenin karesiyle ters orantılı olarak azalır [20]. Bu fizik olayından esinlenerek yer yüzeyine yakın olarak yerleştirilecek yüksek duyarlıklı tek kutuplu elektrik alan duyargası geliştirilmiştir. Duyarganın frekans bant aralığı 10^{-4} - 10^{-1} Hz' dir. Duyargadaki elektrik yükünün, bölgesel gerilimin bir sonucu olarak ortaya çıkan elektrik potansiyelinden ve yer içi süreçlerin ürettiği yapısal dielektrik değişimlerden etkilendiği düşünülmektedir. Güneş patlamaları sırasında oluşan elektromanyetik radyasyon ve elektrik alanına etkileri, düşük frekanslı radyo dalgalarının çok düşük frekanslı harmonikleri, yıldırım ve korona boşalmaları, atmosfere giren gök taşlarının girdikleri bölgede neden oldukları kalıcı elektrik yük değişimleri gürültü olarak algılanmakta ancak genellikle frekans bandı bölgesel gerilim sonucu ortaya çıktığı düşünülen elektrik alan değişiminden çok daha yüksek olduğundan süzülebilmektedir [21, 22]. Bununla beraber, uzak kaynaklı toplamsal (süperpoze) etki yaratan elektrik alan değişimleri de değerlendirilmeye katılmaktadır. Bu iki sonuca bağlı olarak bir istasyon grubundan vektörel ölçüm alınmakta ve atmosferik gürültüye karşı öz uyarlamalı (adaptif) filtreleme uygulanmaktadır.

Havadan toplanan yük Gauss yasasına göre deplasmanın (*D*) yüzey üzerinden integraline eşittir.

$$Q = \oint D ds \tag{2.1}$$

Elektrik alan şiddeti ile dielektrik yer değiştirme vektörü (deplasman) arasındaki ilişki,

$$D = \varepsilon \cdot E \tag{2.2}$$

olduğundan Şekil 2.2' de görülen duyarganın küresinde (Cc) toplanan yük (2.1) denklemdeki yüzey alanı ile çarpılarak,

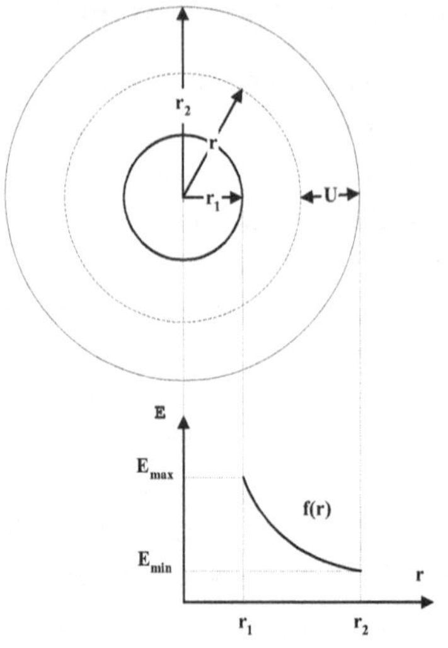

Şekil 2.1 *Yüklenmiş kürenin dışında mesafeye bağlı (r-r₁) olarak meydana gelen elektrik alan değişimi.*

$$Q = 4\pi \cdot r^2 \cdot \varepsilon \cdot E \qquad (2.3)$$

şeklinde hesaplanır. Burada *r* duyarga küresinin yarıçapını ve ε ortamın dielektrik sabitini göstermektedir.

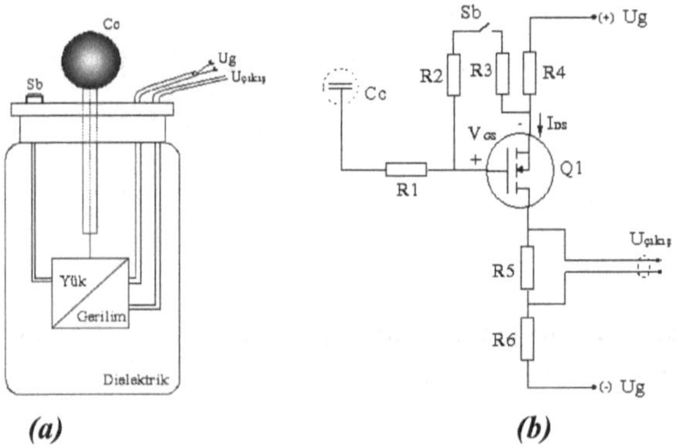

(a) ***(b)***

Şekil 2.2 ***(a)*** *Tek kutuplu elektrik yük ölçüm duyargası*
(b) *Elektrik yükü / İki kutuplu gerilim dönüştürücü*

Bir MOSFET'in savak akımı (I_{DS}), geçit-kaynak arası gerilim V_{GS} nin bir fonksiyonudur. V_{GS} ise Cc elektrotunun topladığı geçit yükü ile belirlenir. Şekil 2.3'de BSS100 tip MOSFET için geçit yükü ile V_{DS} arasındaki ilişkiyi gösteren grafik yer almaktadır [23].

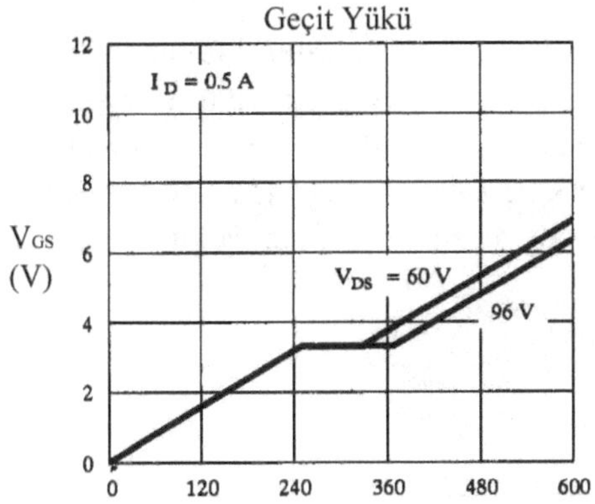

Şekil 2.3 *BSS100 tipi bir MOSFET' in geçit yükü ile* V_{DS} *arasındaki ilişki*

Uygulanan ölçme düzeneğinde elektrot yarıçapı 20 mm.'dir.

Bu durumda D deplasmanı altında Q yüküne bağlı çıkış gerilimi,

$$V_{out} = R_5 \cdot I_D = R_5 \cdot f(V_{GS}) = R_5 \cdot f(Q) \tag{2.4}$$

şeklinde ifade edilebilir. Burada R_5 ölçüm direncini göstermekte ve $f(Q)$ fonksiyonu Şekil 2.3'ten parametrik olarak belirlenmektedir. Elektrik yükü / İki kutuplu gerilim dönüştürücünün dinamik davranışı,

$$V_{out}(t) = k_1 \frac{dE(t)}{dt} + k_2 \cdot E(t) \tag{2.5}$$

şeklindedir. Laboratuar denemelerinde $k_1 = 0.05$ ve $k_2 = 0.186$ olarak belirlenmiştir. Denklem (2.5)'teki tek kutuplu duyarganın transfer fonksiyonu, s-tanım bölgesinde

$$T(s) = \frac{V_{out}(s)}{E(s)} \tag{2.6a}$$

$$T(s) = k_1 s + k_2 \tag{2.6b}$$

olarak yazılır. Kararlı durumdaki duyarlılık (sabit elektrik alan uygulanırken gözlenebilen en düşük değişim miktarı) bir sayıma karşılık değişim miktarı olan 0.186 V/m'ye karşı düşmektedir. Şekil 2.4' de 0...70 kV aralığında yüksek gerilim kaynağına bağlı silindir-küre elektrot düzeninin 5m mesafede oluşan elektrik alan şiddeti değişimine karşılık ölçüm sisteminin farklı genlikteki basamak cevapları görülmektedir.

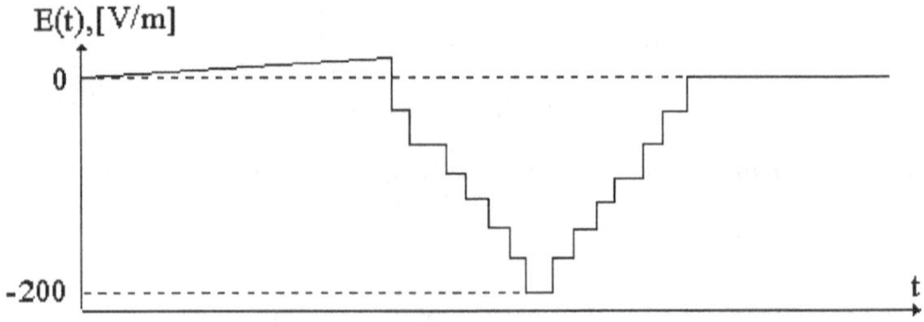

(a)

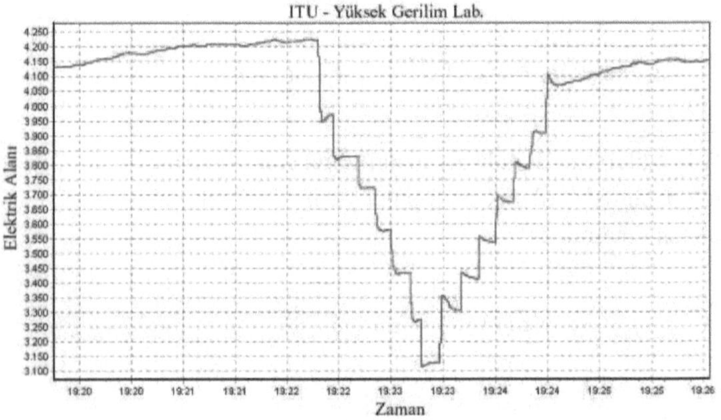

(b)

Şekil 2.4 ***a)*** *Laboratuvar deneyinde uygulanan elektrik alan şiddeti değişimi*
b) *Tek kutuplu ölçüm sisteminin elektrik alanı değişimine tepkisi*

2.3. Farklı Olağan Dışı Örüntü Tipleri için Açıklayıcı Model

Elektrik alan değişimine dayalı öngörü yönteminde sistem iki kısımda incelenebilir: Bunlardan birincisi, yüzeyde oluşan bileşke elektrik alan değişiminin kaynağı olan yerin iç mekanizmaları ve atmosferik dış etmenleri içeren doğal yük akışıdır. İkincisi ise yer yüzeyi ile ölçüm elektrotu arasındaki alan değişimini ölçen, kaydeden ve bir merkezde toplayan düzenektir. Bileşke alan değişiminin giriş, merkezi kayıtçıya nakledilen sayısal verinin çıkış olarak kabul edildiği kısma ilişkin blok diyagram Şekil 2.5'te görülmektedir.

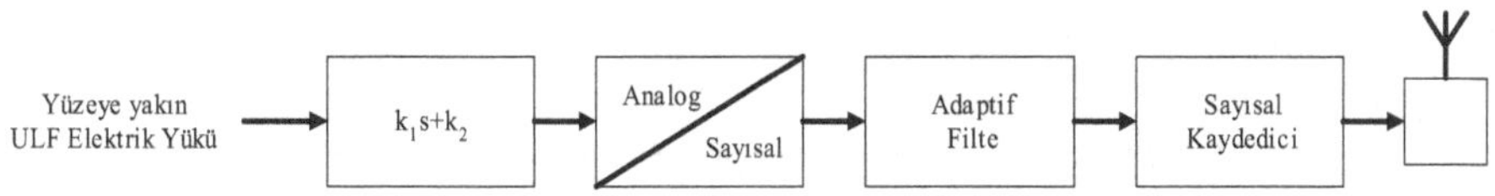

***Şekil 2.5** Ölçüm ve veri elde etme sistemine ilişkin blok diyagramı*

Bu düzeneğe giriş verisini oluşturan yüzeydeki elektrik alan değişiminin deprem öncesi oluşturduğu örüntü farklılıklarını açıklamak üzere proje kapsamında bir model geliştirilmiştir. Bu model, bu zamana kadar fay sistemleri üzerinde öngörülen üç tür fiziksel değişime dayandırılmıştır. Bunlar, a) fay sisteminde elasto-plastik şekil değiştirme ve lineer olmayan sürtünme modeli b) fay yüzeyine kılcal sıvı akışı sonucu yüzey tutunma direncinin düşme süreci (sıvı diletans) ve c) fay yüzeyinde yapısal olarak diğer kısımlara göre daha zayıf olan bölgelerde ufalanma ve ön kırılmalar sonucu toplam tutunma geriliminin düşmesi sürecidir. Her birinin ayrıntısı bölüm 2.4, 2.5 ve 2.6'da sırasıyla açıklanmıştır.

Normal günlük örüntüye uymadığı kolayca anlaşılabilen pek çok benzer olağan dışı örüntülerden iki tanesi sırasıyla Şekil 2.6 ve 2.7'de gösterilmiştir. Bu tür deprem öncesi örüntüleri açıklamakta yukarıda sıralanan modelin kullanımı öngörülmüştür.

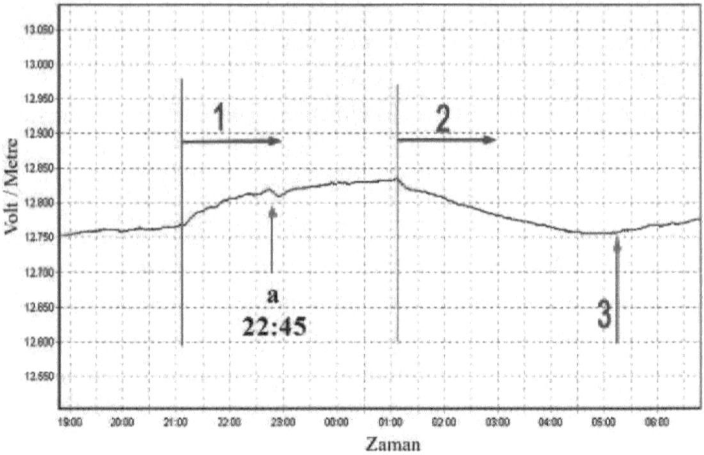

Şekil 2. 6. *Mb4.2 Kartal-İstanbul depreminden (3 nolu ok) önce kaydedilen elektrik alanı değişimi (16 Ocak 2001)*

Şekil 2.6'da görülen 16.01.2001 tarihli Yeşilyurt grafiğinde günlük periyodik değişimde yer almayan bir saatte (21:04) süreksizlik ile elektrik alanda $(1 - e^{-\frac{t}{T}})$ formunda artış başlamıştır (1 nolu ok). 22:45'te daha öncesinde modelde belirtilmiş bulunan küçük bir ön boşalma meydana gelmiş (a oku) ve saat 01:04'teki süreksizliğin ardından $(e^{-\frac{t}{T}})$ formunda düşüş başlamıştır (2 nolu ok). Bu noktadan sonra örüntü anomali olarak internet sitesinde kayda geçilmiş ve saat 05:12'de eğrinin minimumdan geçtiği noktada Mb4.2 Kartal depremi meydana gelmiştir (3 nolu ok).

Şekil 2.7'de görülen örnekte ise Balıkesir istasyonunda 07:00-09:00 arası günlük periyodik çıkışın ardından önce 09:31'de çok düşük genlikli bir darbe görülmüş ve Şekil 2.6'daki örüntünün daha küçük genlikli bir benzeri Şekil 2.7'de (2) ve (3) ile işaretli bölümde gerçekleşmiştir. 13:00'deki inişten (3) yaklaşık iki saat sonra 14:58'de Balıkesir'de Mb5.1 büyüklüğünde deprem meydana gelmiştir (4 nolu ok). Tam deprem anına denk gelen elektrik alandaki kalıcı seviye değişimi ayrıca dikkat çekicidir. Deprem sonrası elektrik alan değişimi olağan günlük seyrinde devam etmiştir.

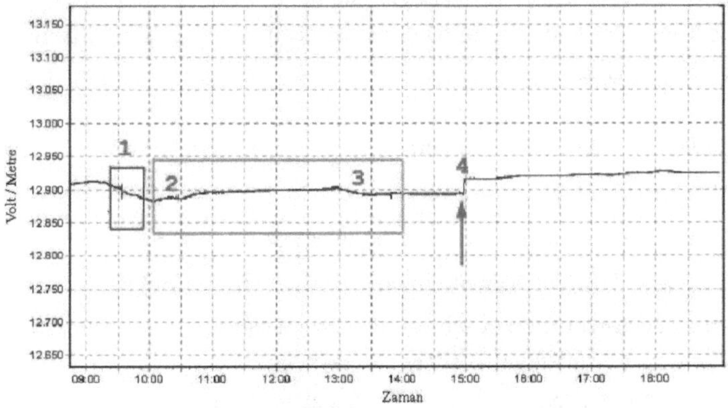

Şekil 2.7 *Mb5.1 Balıkesir depreminden (4 nolu ok) önce kaydedilen elektrik alanı değişimi (22 Haziran 2001)*

2.4. Çok Katmanlı Kapasite Modeli ve Sıvı Diletansı

Şekil 2.1'deki küresel elektrot sisteminde merkez yerküre olarak kabul edilirse ölçüm düzenin elektrotu ile yeryüzeyi arasındaki elektrik alanı hesaplanabilir. Burada üst kabuktaki elektrik alan değişiminin hava aralığı bulunan ölçüm noktasında oluşturması beklenen farklılık ele alınmıştır. Üst kabuk içerisinde, yüzeydeki elektrik alanına etki etmesi muhtemel herhangi bir kaynağın derinliğinin Dünya'nın yarıçapına oranı çok küçük olduğu için ($d_{hiposantr}$ / $r_{dünya}$ << 1) oluşan kapasitif düzen çok katmanlı paralel bir eşdeğer devre ile incelenebilir (Şekil 2.8).

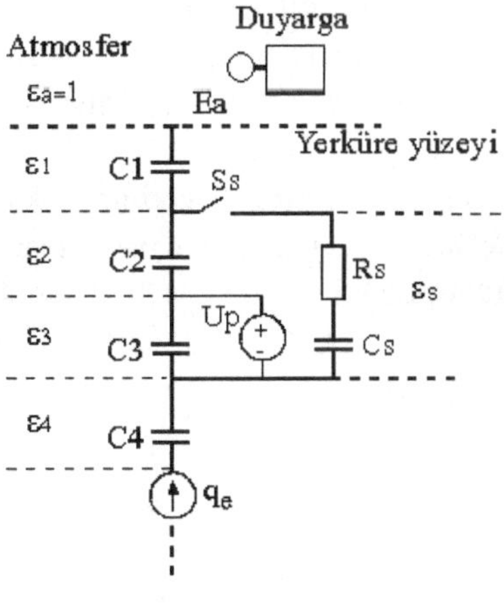

Şekil 2.8 *Diletans eşdeğeri devre modeli*

Şekil 2.8'deki eşdeğer devrede sırasıyla ölçme düzeni, hava aralığı, yer yüzeyi, sedimanter tabaka, üst kabuk granitik blok ve derin yer yüzeyine ilişkin elektriksel parametreler yer almaktadır.

Devre modelinde bulunan parametreler,

ε_a	Havanın dielektrik katsayısı
ε_1	Sedimanter tabakanın dielektrik katsayısı
$\varepsilon_{2,3}$	Üst kabuk granit eşdeğeri tabakanın dielektrik katsayısı
Rs	Sıvı diletansın zaman sabitini belirleyen eşdeğer rezervuar çıkış direnci
C1	Sedimanter tabakanın eşdeğer kapasitesi
C2	Üst kabuk granit eşdeğer kayaçların piezoelektrik özelliği göstermeyen eşdeğer kapasitesi
C3	Üst kabuk granit eşdeğer kayaçların piezoelektrik özelliği gösteren eşdeğer kapasitesi
C4	Üst kabuk eşdeğer devre modeliyle alt katmanlardaki piezoelektrik vb kaynaklar arası eşdeğer kuplaj kapasitesi
Up	Bölgesel gerilime bağlı eşdeğer yük kaynağı
q_e	Sisteme derin yeryüzü bileşeninden pompalanan yük akışını ifade eder.

Üst kabuk granit eşdeğeri tabaka, analizde kolaylık için eşdeğer devrede tam piezoelektrik özellikli kısım ve hiç piezoelektrik özellik göstermeyen kısıma karşı düşen iki ideal devre elemanı ile gösterilmiştir.

Ss anahtarı rasgele bir zamanda sıvı diletans olayını başlatmak ve devre modeline katmak için kullanılmıştır. Rs direnci, modelde olayın zaman sabitini simgeleyen varsayımsal (fiktif) bir elemandır. Rs, kılcal akışa karşı koyulan bileşke hazne çıkış direncine de (Şekil 2.9) karşılık düşürülebilir. Up, mekanik basınç altında piezoelektrik özellik gösteren kısmın ürettiği gerilim miktarıdır. Kuvars kristalinde basınç artışı ile silindirik bir test örneğinin uçları arasındaki elektriksel gerilim değişimi Şekil 2.10 da görülmektedir.

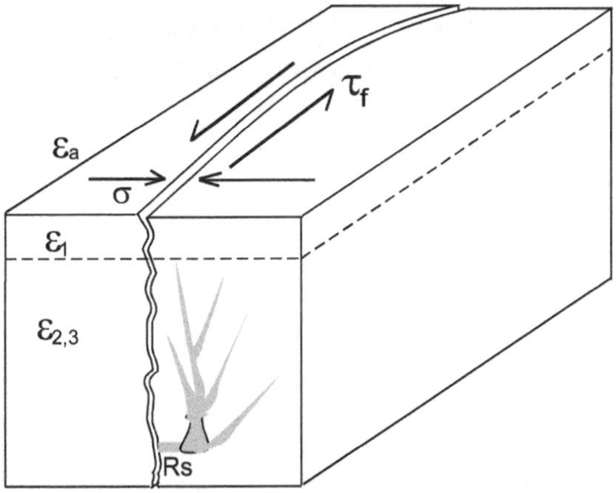

***Şekil 2.9** Sıvı diletansın da dahil olduğu dielektrik ve mekanik parametreleri içeren deprem oluşum modelinin elemanları.*

Analizi kolaylaştırmak için üst kabuk granit eşdeğeri tabaka, saf piezoelektrik malzemeden ve piezoelektrik olmayan malzemeden oluşmuş iki katmana ayrıldığından dielektrik katsayısı $\varepsilon_{2,3}$ yerine (Şekil 2.9) sırasıyla ε_2 ve ε_3 kullanılmıştır (Şekil 2.8). ε_3 saf piezoelektrik malzemeden oluşan katmanın dielektrik katsayısını göstermektedir.

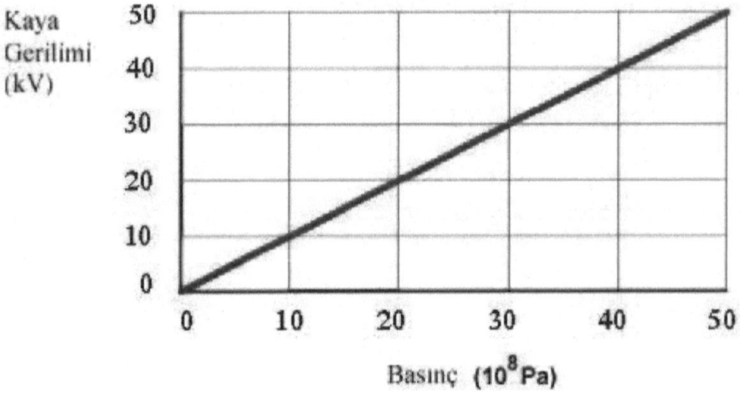

***Şekil 2.10** Kuvars kristalinde basınç artışı ile silindirik bir deney örneğinin uçları arasındaki elektriksel gerilim değişimi*

Elektrot açıklıkları sırasıyla $a_1, a_2,...a_n$, dielektrik sabitleri $\varepsilon_1, \varepsilon_2,.. \varepsilon_n$ ve plaka alanı S olan n katmanlı bir kapasite sisteminde her bir katmanın kapasitesi,

$$C_1 = \frac{\varepsilon_1 \cdot S}{a_1}$$

$$C_2 = \frac{\varepsilon_2 \cdot S}{a_2}$$

$$\ldots\ldots\ldots\ldots\ldots \tag{2.7}$$

$$C_n = \frac{\varepsilon_n \cdot S}{a_n}$$

şeklinde ifade edilir [20]. Burada a_n n'inci katmanın kalınlığıdır. Toplam sistem kapasitesi,

$$C = \frac{S}{\frac{\varepsilon_1}{a_1} + \frac{\varepsilon_2}{a_2} + \ldots + \frac{\varepsilon_n}{a_n}} \tag{2.8}$$

dir. Her bir katmanın elektrik yükü eşit olduğundan,

$$Q = C \cdot U = C_1 U_1 = C_2 U_2 = \ldots = C_n U_n \tag{2.9}$$

bir katman üzerindeki gerilim düşüşü şu şekilde ifade edilebilir,

$$U_k = \frac{a_k}{\varepsilon_k} \frac{U}{A} \qquad k = 1,2,\ldots,n \tag{2.10}$$

Burada,

$$A = \frac{\varepsilon_1}{a_1} + \frac{\varepsilon_2}{a_2} + \ldots + \frac{\varepsilon_n}{a_n} \tag{2.11}$$

(2.10) denklemindeki katman gerilimleri katman kalınlıklarına bölünürse, her bir katman üzerindeki elektrik alan dağılımı,

$$E_k = \frac{U}{\varepsilon_k A} \qquad k = 1,2,\ldots,n \qquad (2.12)$$

şeklinde gösterilir. Burada, elektrik potansiyelinin sabit olduğunu varsayarsak, elektrik alan şiddetinin yüzeyden bağımsız olduğunu ve dielektrik katsayıya bağlı olarak değiştiğini görürüz. (2.12) denkleminde, $\varepsilon_a = a$ (hava) ve $\varepsilon_3 = 3$ (piezoelektrik özellik gösteren katman) olarak alınmasıyla oluşacak yeni oran,

$$E_a = \frac{E_3 \varepsilon_3}{\varepsilon_a} \qquad (2.13)$$

şeklinde olur.

Piezoelektrik özellik sonucu mekanik basınca bağlı kaynağın uç gerilmi şöyle ifade edilebilir,

$$Up = 0.25 \cdot l \cdot P \cdot d \text{ [V]} \qquad (2.14)$$

Burada *P*, σ kaynaklı basıncı [Bar], *d* anizotropik mineral oranını ve *l'* de ortalama fay uzunluğunu (fault length) simgelemektedir. 0.25 sabit değeri Şekil 2.10'da görülen değişimin eğimine karşılık düşer (V/bar). Bu sabit katsayı sadece işlemleri kolaylaştırmak için tüm piezoelektrik özellikli minerallerin mekanik gerilme (stress) hassasiyetinin kuvars ile aynı olduğu varsayıldığında geçerlidir. Buna göre Up gerilim düşümlü katmandaki elektrik alan,

$$E_p = \frac{Up}{l} = 0.25 \cdot P \cdot d \qquad \text{[V/m]} \qquad (2.15)$$

şeklindedir. Saf piezoelektrik kısım farklı bir kapasite katmanı olarak gösterildiğinden, C4 için *d* oranı 1 olur.

Örneğin gerilim zayıflaması ve kıtasal ortamda deprem sırasındaki mekanik gerilim düşüşüne bağlı basınç değişimi *P*=200 bar olursa, sıvı diletans olmaksızın elektrik alan şiddetindeki değişim,

$$E_a = \frac{50 \cdot 5}{1} = 250 \quad \text{V/m} \qquad (P = 100 \text{ bar ise } E_a \approx 125 \text{ V/m})$$

olarak hesaplanır.

Sıvı diletansının varlığında, sıvının dielektrik katsayısını temsil eden yeni paralel kapasite nedeniyle E_a'daki değişim aynı zamanda gerilim düşüşündeki (U_p) değişimin de bir fonksiyonu olacaktır. Diletans süreci eşdeğer devredeki S_s anahtarı ile başlatılır ve zaman sabiti $\tau = R_sC_s$ ile belirlenir. E_a'nın beklenen davranışı, depremlerden önce yapılmış pek çok kayıt örneğiyle belirlenen $\Delta E e^{(-t/\tau)}$ formunda iniştir. Çatlağın içinde sıvı ile dolu hacim göreceli olarak küçük olmasına rağmen, ε_s=81 değeri ε_4=5 ve ε_3=4 değerlerinden çok daha büyük olduğundan E_a'daki değişim yine de etkilidir.

2.5. Ön Kırılmalar ve Kuru Diletans

Depremler öncesi piezoelektrik olaylarla ilişkilendirilebilen darbe tipindeki olağan dışı örüntülerin açıklanması için kuru diletans modeli kullanılabildiğini varsayalım. Şekil 2.11'deki fay modelinde σ fay üzerindeki mekanik gerilmeyi (sürtünmeyi arttırıcı yönde), τ_f ise fayı harekete zorlayan kesme gerilmesini göstermektedir. PC ile taralı bölge ön kırılma (deformasyon) veya sigma altında ufalanma sürecinin gerçekleştiği bölgeyi temsil etmektedir. Küçük boyutlu da olsa zayıflama ya da ufalanma sürecinin başlaması öncesi parçacık kırılmasının yüzeyde darbesel (impulsif) bir alan değişimine neden olması beklenir. Bu beklentinin nedeni: denklem (2.15)' e göre yüzeydeki elektrik alan basınç değişimi ile orantılıdır ve aynı zamanda yerel bileşen ile tüm çevrenin oluşturduğu alanın toplamsal bir eşdeğeridir. Eğer yerel bileşeni etkileyen basınçta bir ön kırılma sonucu geçici bir düşme meydana gelmişse, aynı örüntünün çevre tarafından oluşturulan alanın baskın olduğu eğri zarfın üzerinde görülmesi beklenir.

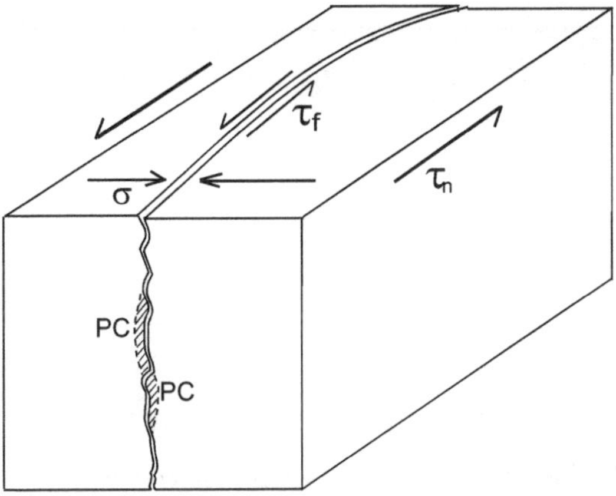

Şekil 2.11 *Kuru diletans ve elastik gevrek kırılma sonucu deprem oluşumu yaklaşımının elemanları.*

Konuyla ilgili olabilecek iki kayıt örneği Şekil 2.12 ve 2.13'de gösterilmiştir.

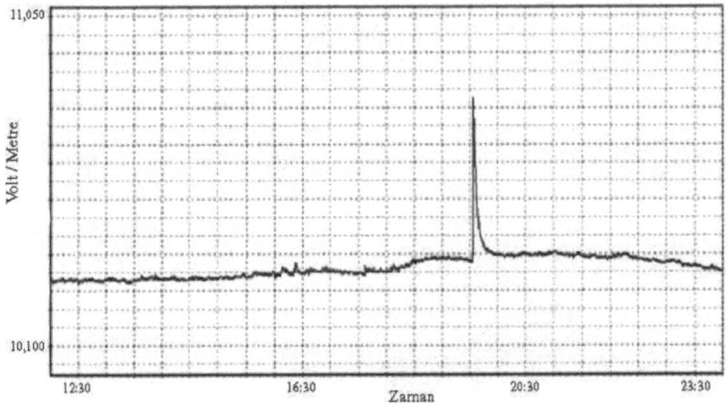

Şekil 2.12 *Mb5.8 Afyon depreminden 48 saat önce Pamukkale kaydı (21 Mart 2001)*

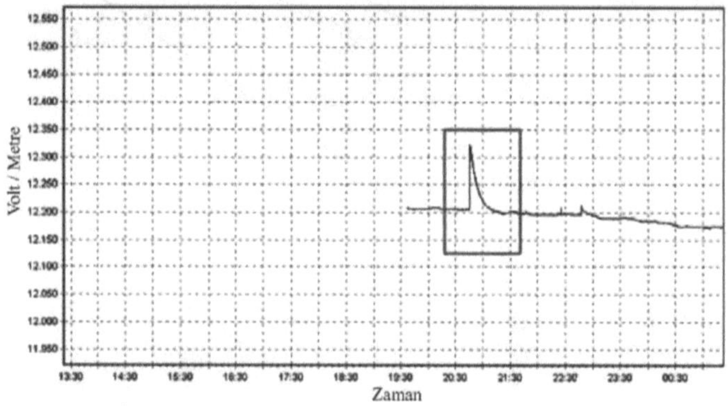

***Şekil 2.13**. Mb3.8 İstanbul depreminden 40 saat önce Ulus kaydı (23 Mart 2001)*

Şekil 2.14'de 15 Aralık 2000 tarihine ilişkin Yeşilyurt grafiğinde 09:10'da bir darbenin ardından yüksek frekanslı bir bileşen görülmektedir. Bu darbenin olası bir ön kırılma (asismik deformasyonu) ve yüksek frekanslı bileşenin de ufalanma (granülizasyon) sürecini gösterdiği düşünülebilir. Nitekim 18:15-18:58 aralığında yüksek frekanslı bileşenin genliği artmış ve Afyon'da Mb5.8 büyüklüğünde deprem meydana gelmiştir. Bu örnek deprem öncesi olağan dışı değişim ve deprem sonrası normal seyirinde devamı bakımından çarpıcı bir örnektir.

2.6. Elastik Gevrek Kırılma Modeli

Deprem oluşumu ile ilgili bir diğer yaklaşım ise hiç bir diletansın olmadığı durumdur. Zaman içerisinde uzak alanlı yüklenmeler sonucu oluşan kesme kuvveti τ_n (Şekil 2.11) ile orantılı olarak fay üzerinde mekanik gerginlik τ_f oluşur. Yeryüzünün malzeme özelliklerine bağlı olarak bağıl uzamanın (gerilme, $\varepsilon = \Delta l / l$) $10^{-6}...10^{-4}$ seviyesine ulaşması durumunda depremler meydana gelir. Bu sınır şu şekilde ifade edilebilir,

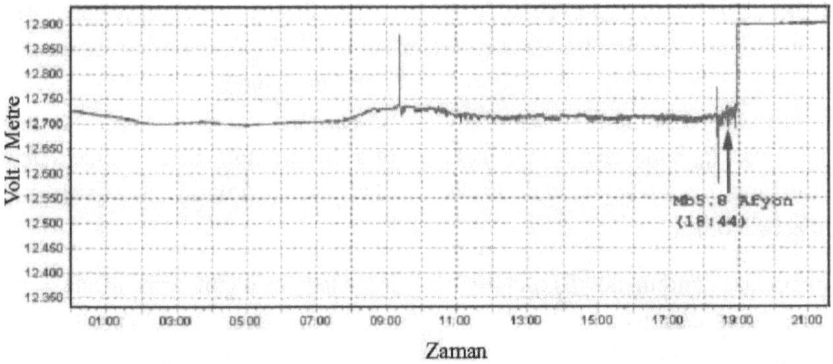

***Şekil 2.14** Afyon Mb5.8 depreminden önce kaydedilmiş muhtemel gerilme zayıflaması örneği (15 Aralık 2000).*

$$\sigma \cdot \mu \leq \tau_f \qquad (2.16)$$

Burada μ ortalama statik fay sürtünmesini (rifidite) ifade eder. Malzemenin gevrek davranışına bağlı olarak, zorlama devam ettiği halde depremden hemen önce gerilimde σ düşüş meydana gelecektir. Depremin öngörüsünde kullanılan bazı fay modelleri fay yüzeyinin bağıl kayma hızının bağıl yüzey gerilmesine göre değişiminin deprem öncesinde kararsız bölgeye geçmesi üzerine kurulmuştur [24]. Fay hareketindeki kararsızlık sürtünmeyle ve eşdeğer yay elemanıyla temsil edilir [25]. Bazı kayıtlarda görülen uzun dönemli elektrik alan artışlarını takip eden ani düşmelerin elasto-plastik deformasyonla açıklanabileceği düşünülebilir.

Piezoelektrik özellik Curie sıcaklığının aşıldığı 10 km'den daha derin seviyelerde görülmese de 10...20 km aralığında oluşan depremler ile de ölçüm verileri arasında bir ilişki görülmektedir. Bu ilişki, sıvı ve kuru diletansın yanısıra kayaçların bütünselliği nedeniyle daha derin kısımların, katı (rijid) yapı içerisinde, yüzeye yakın bölgelerle olan yük paylaşımı ile de açıklanabilir. Uzun dönemli istasyon verilerinin harmonik analizinde Gel-Git etkisini gösteren bir bileşenin görülmesi ölçülen değişimlerin yer kaynaklı gerilme değişiklikleriyle ilişkilendirilebilirliğini kuvvetlendirmektedir.

Toplanan tüm istasyon verileri www.deprem.cs.itu.edu.tr adresinde internet üzerinden sürekli olarak yayınlanmaktadır. İlişkilendirilebilecek depremlerin büyüklükleri ile olağan dışı örüntüde yer alan genlik değişimleri arasında kesin bir orantı belirlenemese de, büyük depremlerin (Mb>6.5) öncesi değişimlerin ayırt edilebileceği düşünülmektedir. Türkiye'nin yer kabuğunun üst bölgelerinde sığ depremlerin meydana geldiği sismolojik olarak aktif bir bölgede yer alması, yapılan çalışmada veri toplama aşamasında üstünlükler sağlamaktadır. Bu bölümde açıklanan çok katmanlı kapasitif model başka ölçüm parametrelerin de katılması ile zenginleştirilebilir.

Bu çalışmada, deprem ile ilişkilendirilebilecek istasyon ölçüm verilerinde yer alan anomali örüntülerinin yapay sinir ağı ile tanınması ve sınıflandırılması hedeflenmiştir.

3. Sismik Anomalilerin Yapay Sinir Ağları Yöntemi ile Tanınması ve Sınıflandırılması

Bir doğa olayı olan deprem doğrusal özellikte olmadığı gibi tam olarak ta modellenememektedir. Bilindiği gibi YSA yönteminin örüntü tanıma ve öğrenme özellikleri bulunmaktadır [26,27]. YSA'nın bu özelliklerini kullanarak olası depreme ilişkin anomalilerin sınıflandırılması ve depremin öngörülebileceğine dair bazı ipuçların elde edilmesi bu çalışmanın temel hedefidir.

Depremle ilgili olarak TEA ölçüm duyargasıyla elde edilen değerler zamana bağlı grafikler oluşturur. Belirli bir biçimde olan bu grafikler, bu çalışmada örüntü olarak adlandırılmıştır. Bu örüntüleri YSA yöntemi yardımıyla değerlendirmek bu çalışmanın temel hedefidir. Bir deprem olayının öncesinde yapılan ölçümlerle oluşturulacak örüntü kümesini tanıma ve sınıflandırma, olası bir depremin öngörülmesine yönelik bazı ipuçları elde edilebilir. Bu çalışmada sınıflandırma, öğrenme ve modelleme yöntemlerinin iddia edilen sismik anomalileri tespit etme yönünde nasıl kullanılabileceği ortaya konmuştur.

Bu çalışma kapsamında gerçeklenen uygulamalar genel olarak sismik anomalileri sınıflama ve varsayılan sismik anomalilerden olası depreme ilişkin bazı ipuçlarını elde etme olmak üzere iki kısımda toparlanabilir: Birinci kısım sınıflama üzerine olup, deprem öncesi görülebilecek olağan dışı değişimlerin saptanmasına ayrılmıştır. İkinci kısım ise saptanan anomalilerden depremi öngörme aşaması olup, depremin ölçüm istasyonuna uzaklığı, depremin büyüklüğü ve depremin ne kadar süre sonra olacağı hakkında öngörü öznitelik bilgilerinin oluşturulmasını kapsar. Öznitelik, depremin ölçüm istasyonuna uzaklığı, depremin büyüklüğü ve depremin ne kadar süre sonra olacağı bilgilerine verilen addır.

3.1. Deprem Öncesi Değişimler

Türkiyenin özellikle batı anadolu bölgesinin değişik yerlerdeki istasyonlarda deprem öncesi TEA ölçüm duyargasıyla sürekli olarak ölçümlerin yapılması hedeflenmektedir. Bu ölçümlerin olası bir depreme ilişkin öznitelik bilgilerini içerdiği EKGDT proje grubunca iddia edilmektedir. Olası depremin öngörüsü için elde edilmek istenen özniteliklerin güvenilirliliği i) çeşitli uzaklıkta, ii) değişik büyüklükte ve iii) farklı sürelerde gerçekleşen depremlere ilişkin anomli örüntülerin sayısına bağlıdır. Yeterli sayıda ve farklı öznitelik bilgilerini içeren örüntülerin varlığı, olası depremin öngörüsüne olanak sağlayabilir. Bu çalışma kapsamında, depremle ilişkili veriler ürettiği savunulan TEA ölçüm duyargası ile elde edilen veriler üzerinde çalışılmıştır.

Şekil 3.1' de bir deprem öncesi TEA ölçüm duyargasından elde edilen verilerle oluşan örüntü gösterilmiştir. Bu örüntü ile ilgili temel tanımlar aşağıda sıralanmıştır.

A (**Genlik**) : Olağan değer ile olağan dışı değerin tepe noktası arasındaki genlik farkı,
ba (**Başlangıç değeri**) : Olağan dışı davranışın başladığı andaki değeri,
bb (**Bitiş değeri**) : Olağan dışı davranışın aldığı son değer,
$\Delta\tau$ (**Zaman katsayısı**) : Olağan dışı davranışın düşüş zaman katsayısıdır.

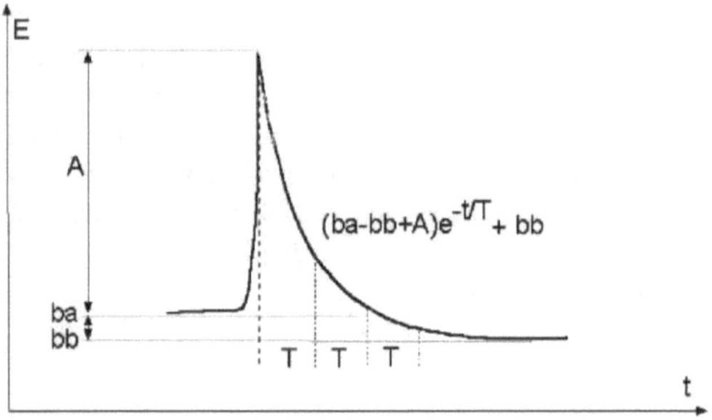

Şekil 3.1 *Deprem öncesi görüldüğü varsayılan olağan dışı örüntü*

Şekil 3.1' de görüldüğü gibi örüntünün düşüş eğrisi üstel bir fonksiyon biçimindedir. Yer bilimciler örüntünün genliği ile depremin büyüklüğü arasındaki ilişkiyi şu ana kadar tanımlayamamışlardır. Ancak EKGDT proje grubu genlik (A), ba-bb farkı ve $\Delta\tau$ değerlerinden depremin ölçüm istasyonuna uzaklığı, depremin büyüklüğü ve süresinin öngörülebileceğini değerlendirmektedir.

Çalışmamızda Şekil 3.1' de tanıtımı yapılan tipik örüntü, YSA yönteminde eğitim kümesi olarak kullanılmıştır. Şekil 3.1' de örnek örüntüden şu ana kadar yeterli sayıda temin edilememiştir. Bunun nedeni de bu tür ölçümlerin 3 Ağustos 2000 tarihinde başlamış olması ve günümüze kadar olan deprem sayısının az olmasıdır. Örnek örüntü sayısının azlığından dolayı olağan dışı örüntülerin sınıflandırılması ve buna bağlı olarak sonuca gidilmesine çalışılmıştır.

Şekil 3.1' de konuyu tanıtabilmek için duyargadan alınan işaret basitleştirilmiştir. Gerçek hayatta alınan işaretler daha karmaşık yapıdadır. Örüntünün taban değeri, düşük frekansta sürekli bir salınım yapmaktadır. Ayrıca değişik biçimlerde küçük ya da büyük genlikli gürültüler işaretimizi etkilemektedir. Şekil 3.2' de 21 Mart 2001 tarihinde Pamukkale Üniversitesindeki duyarga aracılığıyla yapılmış gerçek bir depreme ilişkin ölçüm değerleri gösterilmektedir.

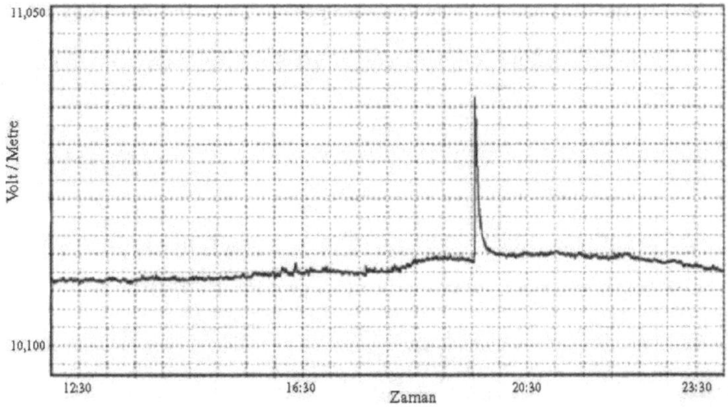

Şekil 3.2 *21 Mart 2001 tarihli depreme ilişkin ölçüm kaydı*

Bu ölçüm 12 saatlik bir süreyi kapsamaktadır. Şekil 3.3' te ise Sakarya Üniversitesi terminalinden alınan 20 Ocak - 28 Şubat 2001 tarihleri arasındaki yaklaşık 40 günlük ölçüm değişimleri gösterilmektedir. Çalışmamızda, istasyonlardan elde edilen ölçüm sonuçları içerisinde Şekil 3.1' deki örüntünün yakalanmasına yönelik çalışma yapılmıştır.

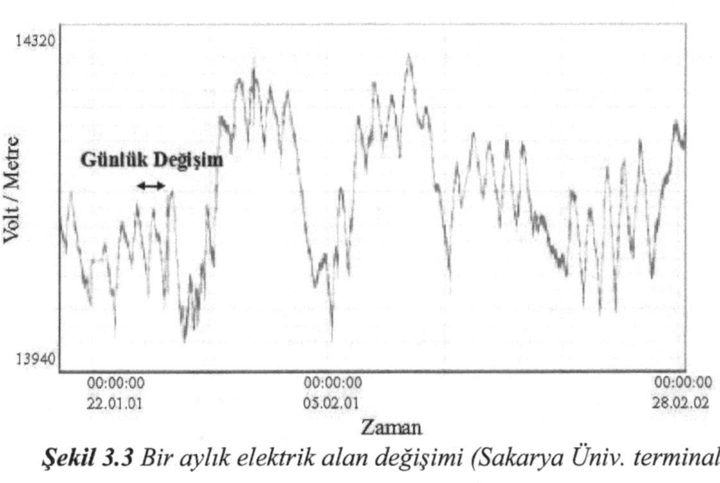

Şekil 3.3 *Bir aylık elektrik alan değişimi (Sakarya Üniv. terminali)*

Bizimde içinde bulunduğumuz EKGDT proje grubunu Şekil 3.1' de gösterilen örüntünün deprem habercisi olduğu görüşünü savunmaktadır. Bu çalışma kapsamında TEA duyargasından gelen işaretler içinde deprem habercisi olduğu varsayılan örüntünün saptanması ve buna bağlı olarakta olası depreme ilişkin bazı ipuçların çıkarılmasına çalışılmıştır. Bu bağlamda yapılmış olan ve çalışmanın bundan sonraki bölümlerinde sunulacak olan konular, sırasıyla aşağıda verilmiştir.

- Duyarganın ürettiği işaretin örneklenme periyodunun belirlenmesi.
- Deprem habercisi örüntü içindeki veri sayısının bilgi kaybı olmaksızın indirgenmesi.
- Örüntünün benzerlik kavramlarının oluşturulması.
- Deprem habercisi örüntünün saptanması.
- Saptanan örüntü üzerinden öznitelik bilgilerin çıkarılması.
- Öznitelik bilgilerinden faydalanarak olası depremin öngörülmesi.

3.2. Duyarganın Ürettiği İşarete İlişkin Örneklenme Periyodunun Belirlenmesi

Bir önceki bölümde bu çalışmanın genel hedefi tanıtılmış ve çalışmamıza ağırlıklı olarak yön veren deprem öncesi değişimlere ilişkin örüntü tanıtılmıştır. Bu bölümde ise tek kutuplu elektrik alan duyargasının ürettiği işaretin örneklenme periyodunun belirlenmesine ilişkin çalışmalar anlatılmıştır.

Elde edilen örüntülerde sismik kaynaklı olması muhtemel iki tip örüntü gözlenmektedir. Belirsizlikler içeren fay mekanizmasının elektro-mekanik modeli göz önünde tutulursa eğri zarfının Şekil 3.4'deki gibi bir örüntü çizmesi baskın bir kutup olduğu ve bunun sanki 1.sistem (virtual) davranışı gösterdiği gözlenmektedir. Bu örüntünün basamak yanıtı olabilmesi için başlangıcında ikinci derece türevde bir süreksizlik olması beklenir.

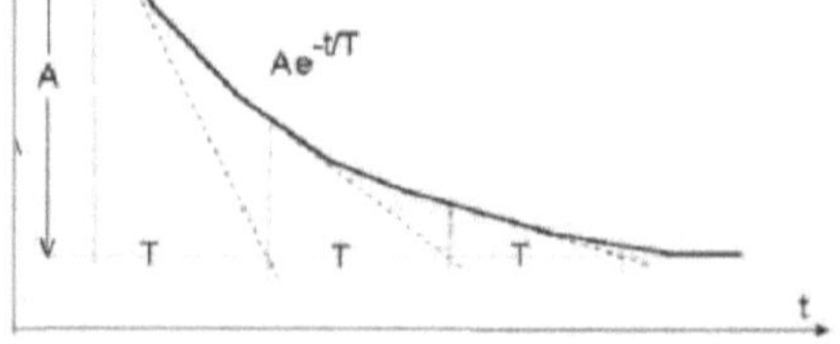

Şekil 3.4 *1.derece bir sistem davranışı içeren değişim*

1.derece bir sistemde zaman sabiti T, yaklaşık oturma süresinin 1/5'i alınabilir. Bode diyagramında birinci derece sistemin köşe frekansı, transfer fonksiyonundan yararlanılarak,

$$T(s)=\frac{A}{Ts+1},\quad T(jw)=\frac{A}{Tjw+1} \tag{3.1}$$

$$w_c=\frac{1}{T} \Rightarrow f_c=\frac{1}{2\pi T} \tag{3.2}$$

olarak ifade edilir.

Eldeki örnekler içerisinde en küçük oturma süresi 40 dakika olarak belirlenmiştir. Buna göre eşdeğer zaman sabiti $T\approx 8$ dakika, sistemin köşe frekansı

$f_c = 1/(2\pi\, x\, 480) = 0.00033$ Hz

Bu türden bir örüntünün gözlenmesinde seçilmesi gereken örnekleme frekansı Shannon'un örnekleme teoremine göre $f_S \geq f_T$ şeklinde olmalıdır [28]. Buna göre

$$T_S=\frac{1}{f_S}<\frac{1}{kf_C} \tag{3.3}$$

şeklinde ifade edilebilir. Burada k örnekleme teoremine göre 2'den büyük ya da eşit olsa da uygulamada, örüntünün tanınabilmesi bakımından 5..20 aralığında seçilmektedir. $k = 10$ için $T_s = 301$ saniyedir.

Diğer yandan kuru diletans ya da fayda zayıflama sürecine bir başlangıç olarak işaret edilebilecek bir örüntü Şekil 3.1 yapısındadır.

Şekil 3.1'de yer alan örüntüde olayın başlangıcı birinci örnekte olduğu gibi basamak yapısındaki bir nedene değil impulsif bir değişime bağlıdır. Her ne kadar zarfın üzerinde farklı türden değişimler olsa da bunların genlik değişimleri temel bileşen yanında küçük kalmaktadır. Bu örüntüdeki zaman sabiti birinci örnektekinden daha küçüktür. Bu nedenle istasyonlardaki örnekleme frekansını belirleyici olacaktır. 0,1 saniye örnekleme ile yapılan ölçümlerde en hızlı gelişen örüntünün 60 saniyede sönümlendiği gözlenmiştir.

Buna göre $k = 10$ için gerekli örnekleme süresi,

$T_s = 1/(10x0.0132) = 7.57$ saniye

k' nın yüksek seçilmesi işaretin aslına şekilsel yakınlığı arttırmakla birlikte sistemde aktarılacak, depolanacak ve değerlendirilecek veri hacmini de arttırmaktadır. Yapılan uygulamada T_s=5 saniye alınması k=15 değerine karşılık düşmektedir.

Söz konusu örüntülerin baskın olarak birinci derece sistem cevabı vermesi Motoji Ikeya tarafından [29] yapılan laboratuar deney sonuçları ve önerilen model ile de benzerlik göstermektedir. Sistemin zaman sabitinin sadece elektriksel değerlere değil aynı zamanda kaynağın mekanik boyutlarına da bağlı olduğu düşünülebilir.

Ikeya'nın önerdiği modele göre yük üretme teoremi;

Gerilme $\sigma(t)$ ile fayın elektriksel modelinde yük yoğunluğu (q) aşağıda gösterildiği şekilde ifade edilebilir.

$$\frac{dq}{dt} = -\alpha\frac{d\sigma}{dt} - \frac{q}{\varepsilon\rho} \tag{3.4}$$

Denklemde yer alan α yük üretim sabitini, ε permitivitiyi ve ρ ise malzemenin elektriksel özdirencini simgeler. Eşitliğin sağında bulunan ilk terim yük üretiminin bir zaman sabitiyle azalmasını ifade eder. Eşitliğin ikinci terimi ise $\varepsilon\rho$' nin iletken malzemedeki değeridir.

Gerilme,

$$\sigma(t) = \Delta\sigma e^{\left(-\frac{t}{\tau}\right)} \tag{3.5}$$

denklemi ile ifade edilebilir. Denklemde bulunan τ parametresi gerilmenin düşüş zaman sabitini simgeler. (3.4) denklemin $t = 0$ zamanında, yükün q=0 ve yük darbesinin (pulsed charge) $\pm q$ koşuluyla,

$$q(t) = \alpha\Delta\sigma\frac{\varepsilon\rho}{\tau-\varepsilon\rho}\left(e^{-\frac{t}{\tau}} - e^{-\frac{t}{\varepsilon\rho}}\right) \tag{3.6}$$

şeklinde ifade edilebilir.

3.3. Deprem Haberci Örüntüsü İçindeki Veri Sayısının Bilgi Kaybı Olmaksızın İndirgenmesi ve Benzerlik Kavramı

2000 yılından günümüze kadar, 16 değişik istasyonda yapılan deneyler sonucu örüntünün oluşması için yaklaşık 1.5 saat gibi bir sürenin gerektiği gözlemlenmiştir. Bunun sonucu olarak her örüntünün yaklaşık 1000 sayısal değerden oluşacağı açıktır.

Hesaplama yükünü azaltmak için ilk aşamada Hebbian tabanlı ilkesel bileşen analiz yöntemi kullanılarak 1000 örnek sayısı 200' e indirgenmiştir.

Çalışmamızın temeli TEA duyargasından gelen 5'er saniye aralıklı veriler üzerinde 1.5 saatlik bir pencere açmak ve bu pencere içinde deprem habercisi örüntünün varlığını araştırmaktır. 1.5 saatlik inceleme penceresi her 5 saniyede bir zaman ekseninde de kaymaktadır. Bu yöntemde işlem hızı yüksek olan bilgisayar gerektiği açıktır. Bu nedenle bilgi kaybı olmaksızın örnek sayısını azaltmanın yolları aranmıştır.

Bir veri kümesi içindeki verilerin sayısını sınırlı bir bilgi kaybı kabul edilerek azaltmak için Hebbian tabanlı ilkesel bileşen analiz yöntemi kullanılabilir [30]. Hebbian tabanlı ilkesel bileşen analiz yöntemini çalışmamızın anlaşılırlılığını artırmak ve bu yöntemin çalışmamız içinde nasıl kullanıldığını açıklamak için kısaca bu bölümde değinilmiştir.

Öğreticisiz öğrenme (unsupervised learning) stratejilerinden Hebbian algoritmasında amaç, her özdüzenlemeli YSA' da olduğu gibi eğitim kümesinde önemli örüntüleri yakalamak veya giriş verilerinin özelliklerini saptamaktır. Bunun gerçeklenebilmesi için algoritmanın yerel bir doğal kurallar kümesine sahip olması gerekir. Böylece öğrenme gerçekleşir. Öğrenme ile giriş verilerinden ağın giriş-çıkış haritalanması gerçeklenir ve giriş verilerinden yararlanarak özelliklerin tespiti sağlanır. Algoritmanın yerel kuralı ise nöronların sinaptik ağırlıklarının komşuluk derecesine göre güncellenmesi anlamına gelir. Bu komşuluk ağ organizasyonu, insan beyninin temel organizasyonlarından biridir.

Özdüzenlemeli YSA yapıları sadece giriş çıkış katmanından oluşabileceği gibi aynı zamanda çok katmanlı yapıda da olabilmektedir. Hebbian tabanlı temel bileşen analizi ise sadece giriş çıkış katmanından oluşan bir yapıya sahiptir. Önceden tek bir lineer nörondan oluşan bir yapıda, bu işlem gerçeklenirken, 1989 yılında Sanger tarafından temel bileşen analizi için tekli nöronların ileri beslemeli olarak artırılabileceği gösterilmiştir [30].

Hebbian tabanlı temel bileşen analizi için tek katmandan oluşan ileri beslemeli bir YSA örneği Şekil 3.5' de gösterilmiştir. Yapı itibariyle dikkate alınması gereken iki önemli nokta:

1. madde : YSA' yı oluşturan her nöron çıkışının lineer olması

2. madde : YSA' nın bilinen *m* tane girişi ve *l* tane çıkışı bulunur. Çıkış sayısının giriş sayısından küçük olması ($l<m$) gerektiğidir.

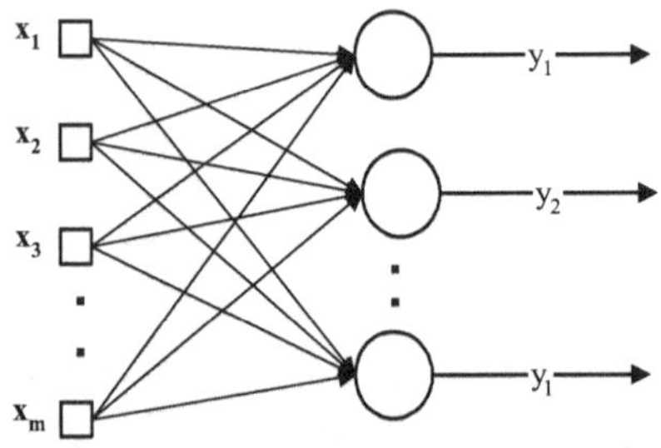

***Şekil 3.5** Tek katmanlı ve ileri beslemeli bir YSA yapısı*

Ağ yapısından anlaşılacağı üzere eğitim ile güncellenecek sinaptik ağırlık w_{ji} ($i=1,2,...,m$ ve $j=1,2,...,l$) olup, kaynak nöronlar i ve çıkış nöronlar ise j ile sembolize edilmiştir. $\{x_i(n)\ i = 1,2,...,m\}$ giriş eğitim kümesi için n zamanında YSA' nın j nöron çıkışı

$$y_i(n) = \sum_{i=1}^{m} w_{ji}(n) x_i(n) , \qquad j = 1,2,...,l \tag{3.7}$$

şeklinde hesaplanır. Sinaptik $w_{ji}(n)$ ağırlık vektörü, genelleştirilmiş Hebbian öğrenme kuralı ile güncellenir [30] ve

$$\Delta w_{ji}(n) = \eta \left(y_j(n) x_i(n) - y_j(n) \sum_{k=1}^{j} w_{ki}(n) y_k(n) \right), \qquad \begin{matrix} i = 1,2,...,m \\ j = 1,2,...,l \end{matrix} \tag{3.8}$$

ile ifade edilir. Denklemde bulunan $\Delta w_{ji}(n)$, ağırlığın hangi seviyede güncelleneceğini ve η ise öğrenme katsayısını ifade eder. Denklem (3.8)'de gösterilen genelleştirilmiş Hebbian algoritma bağıntısı aşağıda gösterildiği gibi tekrar yazılabilir.

$$\Delta w_{ji}(n) = \eta y_j(n)\left(x_i'(n) - w_{ji}(n)y_j(n)\right), \quad \begin{array}{l} i = 1,2,...,m \\ j = 1,2,...,l \end{array} \quad (3.9)$$

Denklemde bulunan $x_i'(n)$ terimi *x(n)* giriş vektörünün *i*. elemanına ilişkin değişimi ifade eder ve *j*' ye bağlı bir fonksiyon olup,

$$x_i'(n) = x_i(n) - \sum_{k=1}^{j-1} w_{ki}(n)y_k(n) \quad (3.10)$$

ile ifade edilir. Denklem (3.9), Hebb öğrenme formuna göre tekrar aşağıda gösterildiği gibi yazılabilir.

$$\Delta w_{ji}(n) = \eta y_j(n)x_i''(n) \quad (3.11)$$

Denklemde bulunan $x_i''(n)$ ifadesi

$$x_i''(n) = x_i' - w_{ji}(n)y_j(n) \quad (3.12)$$

şeklinde yazılabilir. Bu durumda ağırlık güncelleme denklemi

$$w_{ji}(n+1) = w_{ji}(n) + \Delta w_{ji}(n) \quad \text{ve} \quad (3.13)$$

$$w_{ji}(n) = z^{-1}\left(w_{ji}(n+1)\right) \quad (3.14)$$

olacaktır. Denklemde bulunan z^{-1} terimi birim gecikme (unit-delay) operatörünü simgeler. Genelleştirilmiş Hebbian algoritması için sinyal akış diyagramı Şekil 3.6b' de gösterilmiştir. Diyagramda gösterilen sinyal akışında ileri besleme ile elde edilen sonuç $y_j(n)$ terimi olup, denklem (3.7)' de ifade edilmiştir (Şekil 3.6a).

Genelleştirilmiş Hebbian algoritmasının çalışma düzeneğinin anlaşılabilmesi için algoritmaya ilişkin yazılan ifadelerin matris biçiminde yazılması gerekmektedir. Denklem (3.9)

$$\Delta w_j(n) = \eta y_j(n)x'(n) - \eta y_j^2(n)w_j(n) \quad , \quad j = 1,2,...,l \quad (3.15)$$

şeklinde matris biçiminde yazılabilir. Denklemde bulunan $x'(n)$ terimi

$$x'(n) = x(n) - \sum_{k=1}^{j-1} w_k(n) y_k(n) \qquad (3.16)$$

şeklinde ifade edilir.

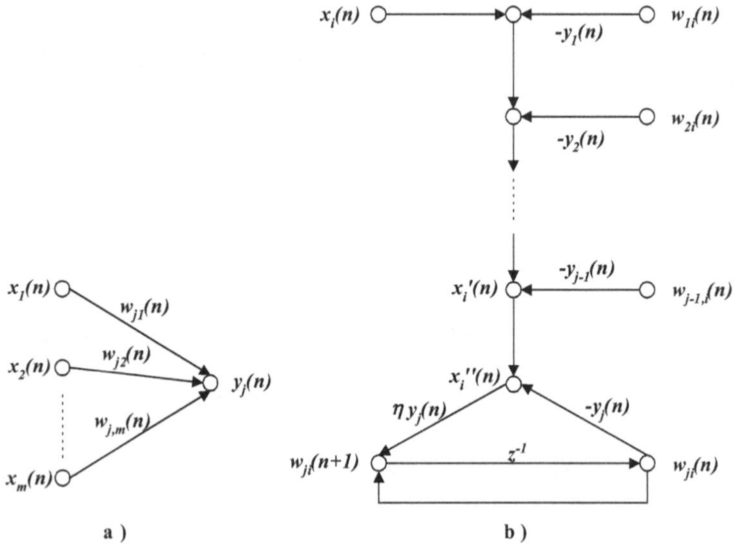

Şekil 3.6 a) *(3.7) denklemine ilişkin Hebbian akış grafiği*
b) *(3.8 ve 3.9) denklemlerine ilişkin Hebbian akış grafiği*

Temel olarak (3.15) denkleminin alınması durumunda, yapılabilecek gözlemler şunlardır [30]:

1. Şekil 3.4'te gösterilen ileri beslemeli YSA'nın ilk nöronu için $x'(n) = x(n)$ ifadesi yazılabilir. Bu durumda genelleştirilmiş Hebbian algoritması

$$w(n+1) = w(n) + \eta y(n)\big(x(n) - y(n)w(n)\big) \qquad (3.17)$$

gibi tek nörondan oluşan YSA formuna indirgenmiş olur. Sonuçta ilgili nöron tarafından , giriş *x(n)* vektörünün birinci temel bileşeni hesaplanmış olur.

2. Şekil 3.4' teki ağın ikinci nöronu için $x'(n) = x(n) - w_1(n)y_1(n)$ ifadesi yazılabilir. Bu durumda giriş vektörü olarak $x'(n)$ alınır ve ikinci nöron tarafından bu vektörün birinci temel bileşeni bulunur. Böylelikle esas giriş *x(n)* vektörünün ikinci temel bileşeni bulunmuş olur.

3. Ağın üçüncü nöronu için $x'(n) = x(n) - w_1(n)y_1(n) - w_2(n)y_2(n)$ ifadesi yazılabilir. Bu durumda giriş vektörü olarak yukarıda belirtilen $x'(n)$ alınır ve üçüncü nöron tarafından bu vektörün birinci temel bileşeni bulunur. Böylelikle esas giriş *x(n)* vektörünün üçüncü temel bileşeni de bulunmuş olur.

4. Bu işlem YSA' nın geriye kalan nöronları için tekrarlanır ve ağın her çıkışı denklem (3.9)' da belirtilen genelleştirilmiş Hebbian algoritması ile eğitilir. Bu işlem ile giriş vektör matris korelasyonuna ilişkin özvektör (eingenvector) değerinin giderek azaldığı gözlenir.

Bu özvektör hesaplama yöntemi Hotelling's Deflation tekniği ile benzerlik gösterir [30,31].

Genelleştirilmiş Hebbian algoritmasında, özetle izlenen yol [32]:

1. Ağın w_{ji} sinaptik ağırlık vektörüne başlangıç olarak küçük rastgele sayılar atanır (n=1). η öğrenme katsayısı için küçük bir pozitif sayı belirlenir.

2. $n = 1$ anında $j = 1,2,...,l$ ve $i = 1,2,...,m$ değerleri için

$$y_j(n) = \sum_{i=1}^{m} w_{ji}(n)x_i(n) \qquad (3.7)$$

$$\Delta w_{ji}(n) = \eta\left(y_j(n)x_i(n) - y_j(n)\sum_{k=1}^{j} w_{ki}(n)y_k(n)\right) \qquad (3.8)$$

denklemleri hesaplanır.

3. Δw_{ji} ağırlık artışının belirli bir eşik seviyesinin altına düşmesi durumunda eğitim sonlandırılır. Aksi takdirde *n* değeri bir artırılır ve 2. adıma tekrar dönülür.

Tanıtılan Hebbian algoritmasından bu çalışmada şu konularda yararlanılmıştır. 1. ve 2. maddede açıklanan sonuçlar kullanılarak Şekil 3.4' te verilen yapay sinir ağına karşılık Şekil 3.7' de verilen yapının kullanılabileceği tarafımızdan önerilmiştir.

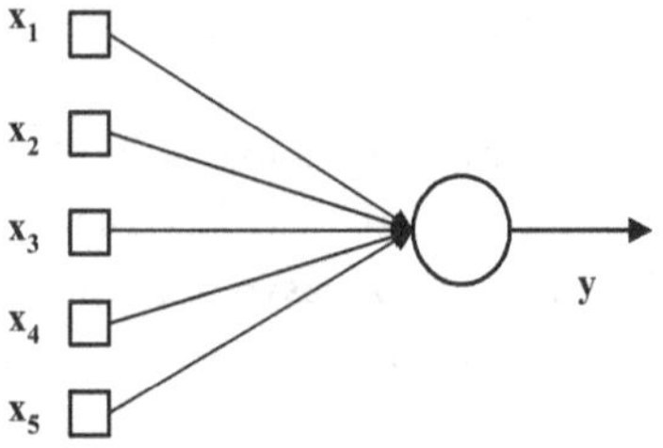

Şekil 3.7 *Uygulamada gerçeklenen ağ yapısı*

Şekil 3.4' teki ağın çıkışı (3.7) bağıntısıyla hesaplanır. Genelleştirilmiş Hebbian öğrenme algoritması uygulanarak ta ağırlıklar güncellenir. Ağırlıkların güncellenmesi, denklem (3.8) ve (3.13) ile sağlanır. Ağın eğitimi esnasında ağırlık katsayılarının artış miktarı, eğitimin durdurma ölçütü olarak alınır. Ağırlığın artış miktarı belirli bir eşik seviyesinin altına düşmesi durumunda eğitim işlemi sonlandırılır. Eşik seviyesinin $e = 0.0001$ değerinden daha küçük değerler için ağdaki başarım oranı değişmediği saptanmıştır. Bu nedenle, çalışmamızda en uygun eşik seviyesi olarak $e = 0.0001$ değeri alınmıştır. İzlenen işlem akışı ise Şekil 3.8'de gösterilmiştir. İşlem akışında yer alan doğrusal ölçekleme ile veriler [0.1 0.9] aralığında normalize edilir. TEA ölçüm verilerinin tanımlı olduğu aralık [9000 13000] ile kullanılan aktivasyon fonksiyonlarının [-1 1] gibi farklı değer aralıklarında olmalarından dolayı normalize işlemi yapılmıştır. Normalize işleminin gerçeklenmemesi durumunda ise TEA ölçüm verilerinin aktivasyon fonksiyon aralığına göre çok büyük değerlerde seyretmesinden dolayı YSA' nın aktivasyon fonksiyon çıkışları sürekli 1 değerini aldığı saptanmıştır. Bu sabit çıkış değeri ile eğitimin sağlıklı yapılamayacağı açıktır. Bunun önüne geçmek için kullanılan normalize yöntemi aşağıda gösterildiği şekilde gerçeklenmiştir.

Normalize işlemi için :

$$\tilde{x} = \tilde{x}_{\min} + \frac{x - x_{\min}}{x_{\max} - x_{\min}}(\tilde{x}_{\max} - \tilde{x}_{\min}) \qquad (3.18a)$$

Eski veriye dönüş için (De-normalize işlemi) :

$$x = x_{\min} + \frac{\tilde{x} - \tilde{x}_{\min}}{\tilde{x}_{\max} - \tilde{x}_{\min}}(x_{\max} - x_{\min}) \qquad (3.18b)$$

Denklemde yer alan x ve y asıl veriyi, $\tilde{x}$ ve $\tilde{y}$ ölçeklenmiş veriyi, $x_{\max} / y_{\max}$ ve $x_{\min} / y_{\min}$ asıl veriden elde edilen değerlerini, $\tilde{x}_{\max} / \tilde{y}_{\max}$ ve $\tilde{x}_{\min} / \tilde{y}_{\min}$ ise çalışmayı yapan kişi tarafından belirlenen değerleri ifade eder.

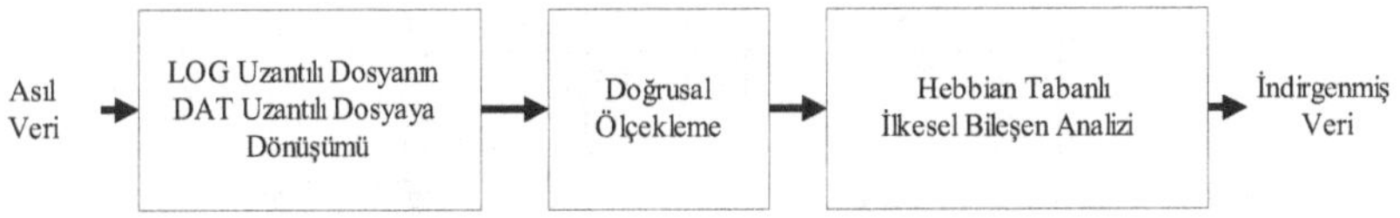

***Şekil 3.8** Hebbian ile verilerin indirgenmesine ilişkin işlem akışı*

Hebbian yöntemi ile bir örüntüdeki örnek sayısını azaltmak ancak örüntüye ilişkin karakteristik bilgileri de kaybetmemek hedeftir. Asıl verilerden oluşan örüntüye *y(t)* ve indirgenmiş örüntüye de *x(t)* dersek, bu iki örüntünün birbirine benzerlik değerini

$$B = \max_{\forall t \in [a,b]} \left| y(t) - x(t) \right| \qquad (3.19)$$

ile ifade edebiliriz. B için belirlenen bir değer asıl ve indirgenmiş örüntülerin birbirlerine ne kadar benzer olduğunun ölçütüdür.

50 adet yapılan hesaplama sonucu benzerlik konusunda aşağıdaki sonuçlara varılmıştır.

i) İndirgeme oranı büyüdükçe benzerlik azalmaktadır.

ii) İndirgeme oranı büyüdükçe hesaplama yükü azalmaktadır.

Sonuçta 0.1 benzerliğin yeterli sayılabilirliliği varsayımıyla kalkarak yapılan deneylerde 5-1 oranında indirgemenin uygun olduğu sonuca varılmıştır. Yukarıdaki değerlendirmenin sonucu olarak Şekil 3.7'deki YSA modeli oluşturulmuştur. Böylece gerçeklenen ağ ile 1000 giriş verisi 200 çıkış verisine indirgenmiştir.

5-1 oranında indirgeme benimsendiğinden ağın öğrenme sürecindeki başarımının değişimi Şekil 3.9'da gösterilmiştir. Gerçeklenen analizde öğrenme katsayısı $\eta = 0.01$ alınmış, işlem 246 adımda tamamlanmıştır. Analizi sonlandırmak için eşik seviyesi de $e = 0.0001$ alınmıştır.

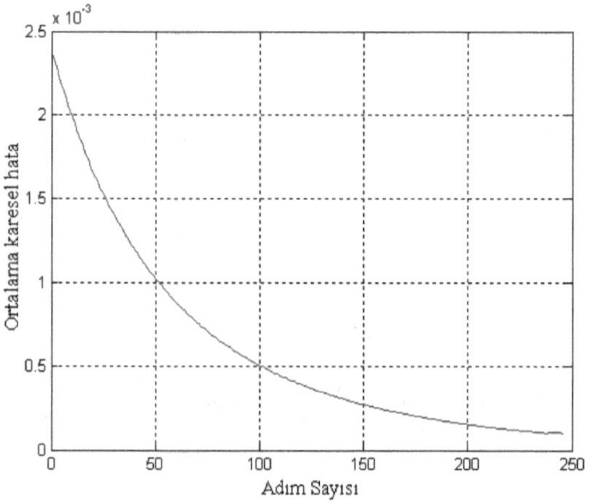

***Şekil 3.9** Başarım değişimi*

Yine aynı deneyde asıl veri ve indirgenmiş veri şekilleri Şekil 3.10' da gösterilmiştir. Benzer deneyler 10-1, 20-1, 25-1 dönüşüm oranları içinde denenmiş beklendiği biçimde benzerlik katsayıları giderek azaldığı görülmüştür.

5-1 dönüşüm oranı için benzerlik oranı B=0.117
10-1 dönüşüm oranı için benzerlik oranı B=0.214
20-1 dönüşüm oranı için benzerlik oranı B=0.381
25-1 dönüşüm oranı için benzerlik oranı B=0.535

Daha önce belirtildiği gibi benzerlik katsayısının B=0.1 civarında olması uygun bulunmuştur.

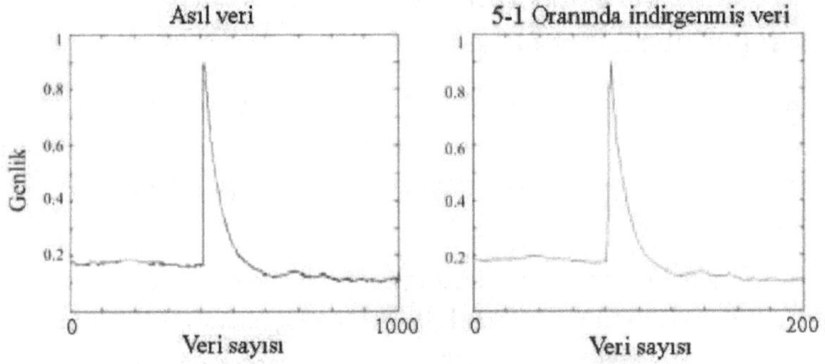

Şekil 3.10 *Örüntü boyutunun indirgenmesi*

3.4. Deprem Haberci Örüntüsünün Saptanması

Bir önceki bölümde, bir veri kümesi içindeki verilerin sayısını sınırlı bir bilgi kaybı kabul edilerek azaltmak için Hebbian tabanlı ilkesel bileşen analizi yönteminin nasıl kullanıldığı anlatılmış ayrıca gerçeklenen uygulama tanıtılmıştır. Bu bölümde, veri sayısı indirgenmiş değişim üzerinde tipik örüntü karşılaştırması yapılarak deprem haberci örüntüsünün saptanması ile ilişkili çalışmalarımız tanıtılmıştır. Bu amaçla da aşağıda sırasıyla belirtilen yöntemler kullanılmıştır:

- Çok Katmanlı Algılayıcı (Multy Layer Perceptron, MLP),
- Özdüzenlemeli Özellik Haritalama Ağları (Self Organizing Map, SOM),
- Oluşan sınıfların Çok Katmanlı Algılayıcı ve Vektör Kuantalamayı Öğrenme (Learning Vector Quantization, LVQ) ile etiketlendirilmesi,
- Dalgacık yöntemi (Wavelet),
- Dalgacık dönüşüm katsayılarının Çok Katmanlı Algılayıcı ile sınıflandırılması,
- En Küçük Kareler yöntemi (Least Square Method).

3.4.1. Çok Katmanlı Algılayıcı ile Deprem Haberci Örüntüsünün Saptanması

Yapay Sinir Ağlarından Çok Katmanlı Algılayıcı (ÇKA) yapısı bu çalışmada kullanılmıştır. Bu yönteme, çalışmamızın anlaşılırlılığını artırmak için bu bölümde değinilmiştir. Ayrıca, yöntemin çalışmamız içinde nasıl kullanıldığını bu bölümde açıklanmıştır.

YSA yapılarına göre ileri beslemeli (feedforward) ve geri beslemeli (feedback) ağlar olmak üzere iki sınıfa ayrılmıştır (Şekil 3.11) [30, 33]. İleri beslemeli ağda işlemci elemanlar genellikle katmanlara ayrılmıştır. İşaretler, giriş katmanından çıkış katmanına doğru tek yönlü bağlantılarla iletilir. İşlemci elemanlar bir katmandan diğer bir katmana bağlanırken, aynı katman içerisinde bağlantıları bulunmamaktadır.

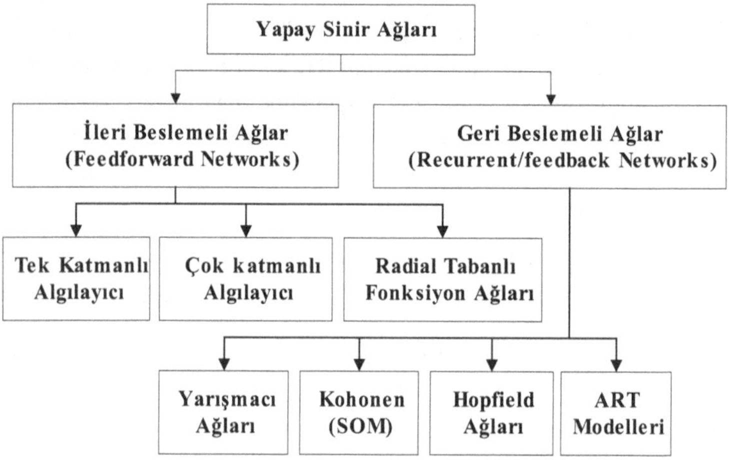

Şekil 3.11 *İleri ve geri beslemeli YSA yöntemleri*

Geri beslemeli YSA' larda ise, bazı nöronların çıkışları aynı nörona veya önceki katmanlardaki nöronlara geri beslenir. Böylece, girişler hem ileri yönde hem de geri yönde aktarılmış olur. Bu tip sinir ağları, dinamik yapılı bir belleğe sahiptir, diğer bir deyişle, herhangi bir andaki çıkış, o andaki girişlerin bir fonksiyonu olduğu kadar önceki giriş ve çıkış değerlerini de yansıtmaktadır. Bu özelliğinden dolayı, bu tür ağlar, özellikle öngörü uygulamaları için uygun olmaktadır [34].

Algılayıcı ağı ilk olarak 1943'te Mc.Culloch ve Pitts tarafından önerilmiştir. Sözü edilen YSA mimarisi Şekil 3.12' de gösterilmiştir [35]. Mimariden elde edilecek (3.20) bağıntısı, n-boyutlu uzayda (n-1) boyutlu bir düzlem belirler.

$$u = \sum_{j=1}^{n} w_j X_j - \theta = 0 \tag{3.20}$$

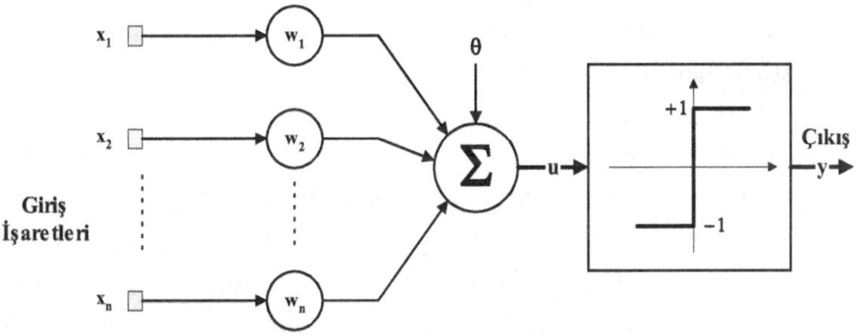

Şekil 3.12 Tek katmanlı algılayıcı yapısı

Diğer bir deyişle, bu ilk algılayıcı modeline göre, giriş bilgisinin mevcut iki sınıftan hangisine ait olduğunu bulabilecek şekilde eğitilen basit bir ağdır. Daha sonra 1962 yıllarında F.Rosenblatt tarafından algılayıcıyı eğitmek için bir yöntem geliştirilmiş ve bu yöntemin yakınsadığı gösterilmiştir. Algılayıcı ile sınıflandırma işlemi yapabilmek için ayrıştırılması istenen bölgelerin doğrusal ayrılabilir olması gerekir [36]. Bu ağ ile doğrusal ayrıştırılabilir olmayan bir küme, sonlu adımda tam olarak ayrıştırılamaz. Bu sorunu ortadan kaldırabilmek için çok katmanlı algılayıcıya ihtiyaç vardır ve bir örnek yapı Şekil 3.13' te gösterilmiştir.

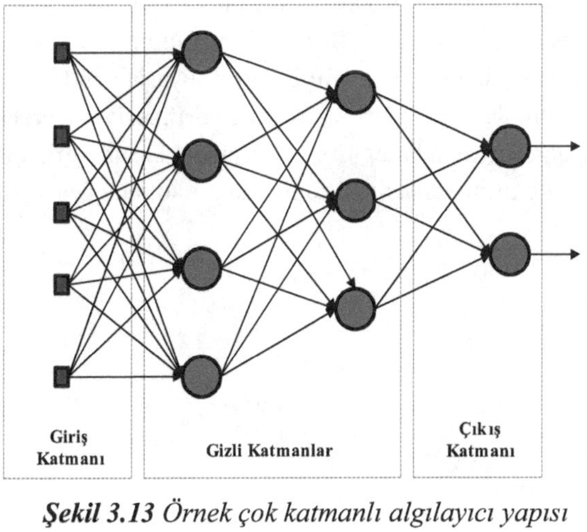

Şekil 3.13 Örnek çok katmanlı algılayıcı yapısı

Giriş ve çıkış katmanlarının arasında gizli katmanlar bulunur. Bu katmanlardaki nöronlar, lineer olmayan davranışları dolayısıyla, sinir ağının toplam davranışındaki lineer olmamanın kaynağını teşkil eder. Giriş ve çıkış katmanlarındaki nöron sayıları ele alınan problemin gereklerine göre belirlenir ancak gizli katmanlardaki nöron sayısının optimallik anlamında doğru sayısını veren herhangi bir analitik yöntem şu ana kadar geliştirilememiştir. Bu konuda Gutierrez ve arkadaşları tarafından yapılan çalışmada, çok fazla nöronun da, çok az sayıda olduğu gibi performansı düşüren bir etkisinin olduğu saptanmıştır [37]. Dolayısıyla gizli katman sayısındaki ve bu katmanların nöron sayılarındaki belirsizlikleri aşabilmenin tek yolu deneme yanılma yöntemidir. Kolmogorov'un 1957 yılında yaptığı çalışmada, tek gizli katmanlı bir ağın her türlü problemi sonlu adımda çözebileceğini matematiksel olarak kanıtlamış ancak gizli katmanda bulunan nöron sayısı belirsizliğini korumuştur [38]. Bu nedenle, bu çalışmada kurulan çok katmanlı ağ modellerinin tümü iki katmandan oluşacak şekilde tasarlanmıştır.

Gizli ve çıkış katmanlarında bulunan her nöronun iki işlevi vardır. Bunlar;

i) Nöron çıkışındaki işareti nöron girişindeki işaretler cinsinden hesaplanması ve

ii) Gradyan vektörünü geriye yayılım için yaklaşık olarak hesaplanmasıdır.

Bundan dolayı, çok katmanlı ağlarda iki tür işaret yayılma biçimi vardır. Birincisinde girişlere uygulanan işaretler, katmandan katmana ağırlıklar ve çıkış fonksiyonlarından geçerek (ileri yönde) çıkış katmanına ulaşmaktadır. İkincisinde ise çıkış katmanındaki hesaplanmış olan çıkışından beklenen değer çıkarılıp hatalar bulunmaktadır ve geriye doğru (gizli katmanlara) gidilerek tüm ağırlıkların toplam hataya etkileri hesaplanır. Bu işlem sırasında bir önceki katmanın yerel gradyanından yararlanılır. Bir başka ifadeyle, normal çalışmada ileri yönde, eğitim sırasında geri yönde bir işaret akışı bulunmaktadır (Şekil 3.14). Eğitim, veri ve grup uyarlamalı olmak üzere iki farklı biçimde yapılabilir. Veri uyarlamalıda ağırlıklar rastgele girişlere göre her adımda tüm ağırlıkların değiştirilmesiyle gerçekleşirken, grup uyarlamalı eğitim algoritmasında eğitim kümesindeki tüm giriş-çıkış çiftleri ağa uygulanarak ağırlıklar eğitim kümesinin tümü için bir adımda değiştirilir.

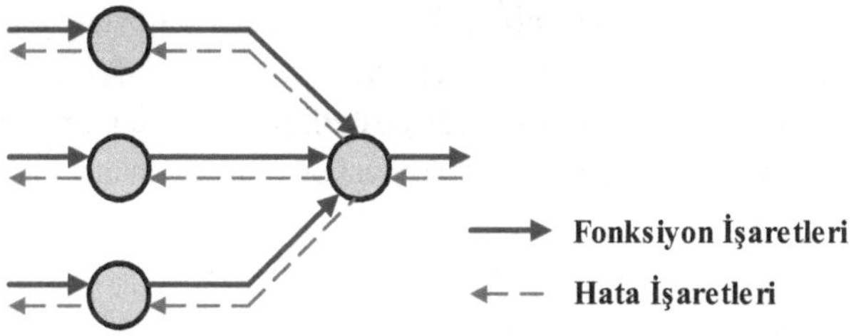

Şekil 3.14 *İleri ve geri yöndeki işaret akışları*

YSA parametrelerinin güncellenmesi için en çok kullanılan yöntem hatanın geriye yayılması yöntemidir. Ses tanıma problemlerinden [39] lineer olmayan sistem tanıma ve denetimi problemlerine kadar [40,41] YSA ile çözüm üretilen birçok alanda başarı ile kullanılan bu yöntem, hataların fonksiyonundan kuadratik bir amaç ölçütünün, ağ parametrelerinin uyarlanması ile minimizasyonuna dayanmaktadır.

a) Çıkış katmanına ait ağırlıkların güncellenmesi : Şekil 3.15'te gösterilen çıkış katmanında bulunan j nöronuna ilişkin geriye yayılma algoritmasının kısaca çıkarımı şöyledir:

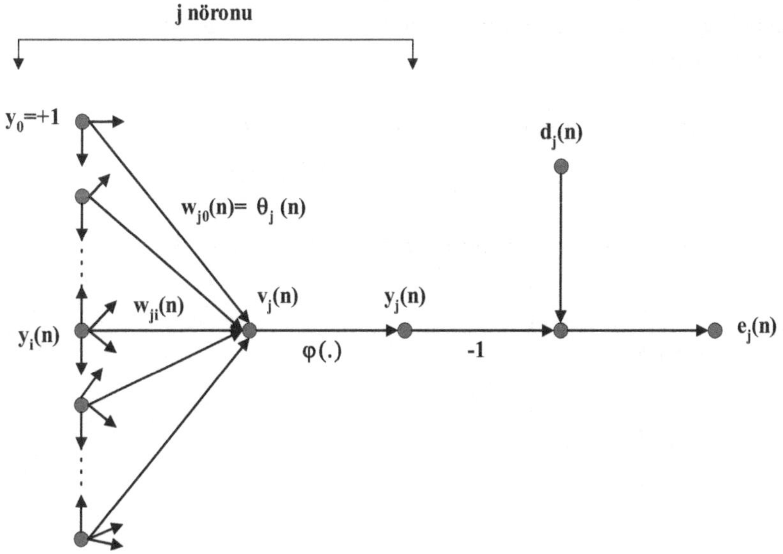

Şekil 3.15 *j nöron çıkışına ilişkin işaret akışı*

Sadece ağın çıkışına ilişkin bilgimiz olduğundan, çıkış katmanı göz önüne alınır. Eğitim kümesindeki **k.** çiftinin j çıkış nöronuna ilişkin hata ifadesi (3.21) bağıntısıyla ve toplam ani hata ise (3.22) bağıntısıyla gösterilmiştir. Hesaplanacak karesel hata doğrudan, ağırlıklara, eşik değerine ve aktivasyon fonksiyonuna ilişkin parametrik büyüklüklere bağlıdır.

$$e_j(n) = d_j(n) - y_j(n) \tag{3.21}$$

$$\varepsilon(n) = \frac{1}{2}\sum_{j\in C} e_j^2(n) \tag{3.22}$$

İfadede bulunan C kümesi, çıkış katmanında bulunan tüm nöronları içerir. Katmanın çıkış fonksiyonundan geçirilen $v_j(n)$, bir önceki katmana ait çıkışların ağırlıklı toplamıdır [30] ve

$$v_j(n) = \sum_{i=0}^{p} w_{ji}(n) y_i(n) \tag{3.23}$$

şeklinde ifade edilir. p, j nöronunun toplam giriş sayısını simgeler. Ağırlık değişimini hesaplamak için hatanın her ağırlığa göre kısmi türevinin bilinmesi gerekir. Bu da zincir kuralı ile elde edilir.

$$\frac{\partial\varepsilon(n)}{\partial w_{ji}(n)} = \frac{\partial\varepsilon(n)}{\partial e_j(n)} \frac{\partial e_j(n)}{\partial y_j(n)} \frac{\partial y_j(n)}{\partial v_j(n)} \frac{\partial v_j(n)}{\partial w_{ji}(n)} \tag{3.24}$$

Denklem (3.24)' de bulunan ifadelerin ayrı ayrı türevleri alınarak

$$\frac{\partial\varepsilon(n)}{\partial e_j(n)} = e_j(n) \tag{3.25}$$

$$\frac{\partial e_j(n)}{\partial y_j(n)} = -1 \tag{3.26}$$

$$\frac{\partial y_j(n)}{\partial v_j(n)} = \varphi_j'(v_j(n)) \tag{3.27}$$

$$\frac{\partial v_j(n)}{\partial w_{ji}(n)} = y_i(n) \tag{3.28}$$

şeklinde hesaplanır. Türevi alınan ifadelerin (3.24) denkleminde yerine konması ile

$$\frac{\partial \varepsilon(n)}{\partial w_{ji}(n)} = -e_j(n)\varphi'_j(v_j(n))y_i(n) \tag{3.29}$$

terimi elde edilmiş olur. *Delta kuralı* olarak adlandırılan ağırlık değişimi $\Delta w_{ji}(n)$ ifadesi aşağıda gösterildiği şekilde hesaplanır.

$$\Delta w_{ji}(n) = -\eta \frac{\partial \varepsilon(n)}{\partial w_{ji}(n)} \tag{3.30}$$

Denklemde bulunan (η) parametresi öğrenme katsayısını simgeler. Ayrıca ifadenin eksi işaretli olması, hata değerinin eğitim süresince giderek düşmesine olanak sağlar. Denklem (3.30)'dan yola çıkılarak yerel gradyan, $\delta_j(n)$ tanımlanabilir. Gizli katmanlarda yerel gradyanlar önem kazanmaktadır. (3.29) ve (3.30) denklemlerinden

$$\Delta w_{ji}(n) = \eta \delta_j(n) y_j(n) \tag{3.31}$$

ifadesi yazılabilir. Böylece yerel gradyan,

$$\delta_j(n) = -\frac{\partial \varepsilon(n)}{\partial v_j(n)} \tag{3.32}$$

$$\delta_j(n) = -\frac{\partial \varepsilon(n)}{\partial e_j(n)} \frac{\partial e_j(n)}{\partial y_j(n)} \frac{\partial y_j(n)}{\partial v_j(n)} \tag{3.33}$$

$$\delta_j(n) = e_j(n)\varphi'_j(v_j(n)) \tag{3.34}$$

şeklinde ifade edilmiş olur.

b) Gizli katmanına ait ağırlıkların güncellenmesi : Şekil 3.16' da gösterildiği gibi *j* nöronunun gizli katmanda yer alması ve $e_j(n)$ ifadesinin bilinmemesi, $\delta_j(n)$' nin farklı tanımlanmasına yol açar. Bu durumda, (3.32) denkleminin tekrar tanımlanması ile gizli katmanda bulunan j nöronunun yerel gradyan ifadesi,

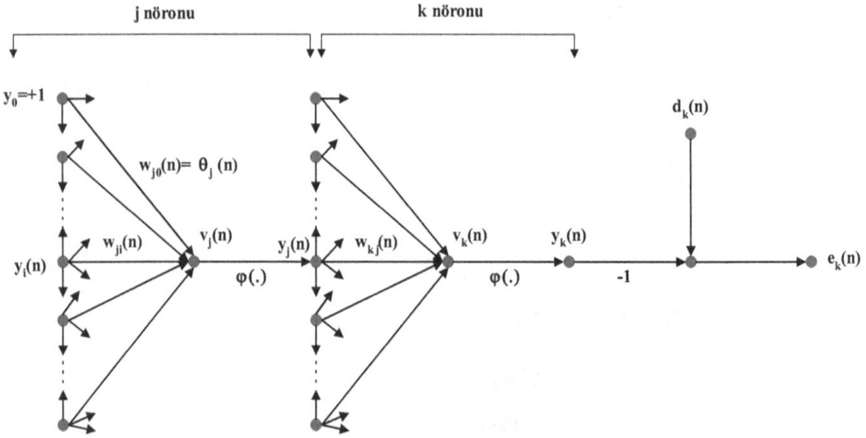

Şekil 3.16 Gizli katmanda yer alan j ve çıkış katmanında yer alan k nöronlarının aralarındaki işaret akışı

$$\delta_j(n) = -\frac{\partial \varepsilon(n)}{\partial y_j(n)}\frac{\partial y_j(n)}{\partial v_j(n)} = -\frac{\partial \varepsilon(n)}{\partial y_j(n)}\varphi_j'(v_j(n)) \tag{3.35}$$

şeklinde yazılabilir. İfade bulunurken (3.27) denkleminden faydalanılmıştır. Toplam hata,

$$\varepsilon(n) = \frac{1}{2}\sum_{k\in C} e_k^2(n) \tag{3.36}$$

şeklinde tanımlanır. k nöronunun çıkış katmanında yer aldığına dikkat edilmelidir. Ayrıca (3.22) denklemi ile (3.36) denklemi arasında tek fark, indislerin değişmiş olmasıdır. (3.36) denkleminin $y_j(n)$' ye göre türevi alındığında,

$$\frac{\partial \varepsilon(n)}{\partial y_j(n)} = \sum_k e_k \frac{\partial e_k(n)}{\partial y_j(n)} \tag{3.37}$$

ifadesi hesaplanmış olur. $\partial e_k(n)/\partial y_j(n)$ ifadesinin zincir kuralına göre açılımı,

$$\frac{\partial e_k(n)}{\partial y_j(n)} = \frac{\partial e_k(n)}{\partial v_k(n)}\frac{\partial v_k(n)}{\partial y_j(n)} \tag{3.38}$$

şeklinde yazılabilir. İfadede bulunan terimlerin türevleri alınmasıyla,

$$\frac{\partial e_k(n)}{\partial v_k(n)} = -\varphi'_k(v_k(n)) \qquad (3.39)$$

$$\frac{\partial v_k(n)}{\partial y_j(n)} = \frac{\partial}{\partial y_j(n)}\left(\sum_{j=0}^{m} w_{kj}(n)y_j(n)\right) = w_{kj}(n) \qquad (3.40)$$

denklemleri elde edilmiş olur. Böylece (3.37) denklemi açık şekliyle ifade edilebilir.

$$\frac{\partial \varepsilon(n)}{\partial y_j(n)} = -\sum_k e_k(n)\varphi'_k(v_k(n))w_{kj}(n) = -\sum_k \delta_k(n)w_{kj}(n) \qquad (3.41)$$

$$\delta_j(n) = \varphi'_k(v_k(n))\sum_k \delta_k(n)w_{kj}(n) \qquad (3.42)$$

Geriye yayılım algoritmasındaki ağırlık değişiminin uygun yerel gradyanların hesaplanması koşulu ile denklem,

$$\Delta w_{ji}(n) = \eta\delta_j(n)y_j(n) \qquad (3.43)$$

gibi basit ifade haline gelmektedir. Öğrenme oranı (η) hızlı öğrenmeyi sağlar fakat salınıma neden olabilir. Rumelhart ve arkadaşları (3.37) ifadesinin bir tür momentum terimi içermek üzere düzenlenebileceğini ileri sürmüşlerdir. Bu durumda ağırlık değişim bağıntısı;

$$\Delta W_{ji}(n+1) = \eta\delta_j y_i + \alpha\Delta W_{ji}(n) \qquad (3.44)$$

şeklinde yazılabilir. Momentum terimi olan (α) küçük değerli pozitif bir sayıdır. YSA ile ilgili bir başka sorunda, düzgün bir öğrenme katsayısının (η) ayarlanmasıdır. Öğrenme katsayısını çok yüksek tutmak, davranışın bozulmasına neden olabilir. O nedenle öğrenme katsayısını böyle bir davranışı önlemek için küçük tutmak gereklidir. Öğrenme katsayısı $0<\eta<1$ aralığında seçilen sabit bir sayıdır. Öte yandan çok küçük bir öğrenme oranıda, işlemin yavaşlamasına yol açar.

Momentum (α) fikri, bu noktadan hareketle ortaya atılmıştır. Momentum, mevcut δ ağırlığı üzerinden önceki δ ağırlığının belli bir kısmını besler. Böylece daha düşük öğrenme katsayısı (η) ile daha hızlı öğrenme elde edilir. Momentum katsayısı genellikle $0<\alpha<1$ aralığında değişen sabit bir sayıdır [42].

Tanıtılan ÇKA yapısı ve sinir ağına ilişkin ağırlıkların güncellenmesi konularından faydalanarak, deprem haberci örüntüsünün ağ üzerinde eğitimi sağlanır. Ağın girişinde tipik haberci örüntüsü kullanılır ve TEA duyargasından elde edilen veriler içinde bu örüntü saptanmaya çalışılır. Konuyla ilgili ayrıntılar aşağıda anlatılmıştır.

Bu çalışmada toplam 27 deprem haberci örüntüsü olup, bunlardan 17 tanesi eğitim amaçlı ve 10 tanesi ise deneme amaçlı kullanılmıştır. Olağan dışı değişim içermeyen 20 örüntü eğitim kümesine dahil edilerek, toplam 37 örüntüden oluşan bir eğitim kümesi oluşturulmuştur (Ek-A, Tablo A.1 ve A.2). Deneme kümesine ise toplam 5 olağan dışı değişim içermeyen örüntü dahil edilerek, toplam 15 örüntüden oluşan bir deneme kümesi oluşturulmuştur (Ek-A, Tablo A.3 ve A.4). Ek-A' da gösterilen örüntülerden iki tipik örnek Şekil 3.17'de gösterilmiştir. Eğitimde kullanılacak örüntünün (1000x1) gibi işlenemez boyutlu bir vektör olmasından dolayı, YSA öncesinde Hebbian tabanlı ilkesel bileşen analizi uygulanarak örüntünün boyutu 200'e indirgenmiştir. Ön işlem olarak kullanılan Hebbian ile veri (5-1) oranında sıkıştırılmıştır. Dolayısıyla, YSA giriş katmanının nöron sayısı 200 olacaktır. Çalışmada izlenen işlem akışı Şekil 3.18' de gösterilmiştir.

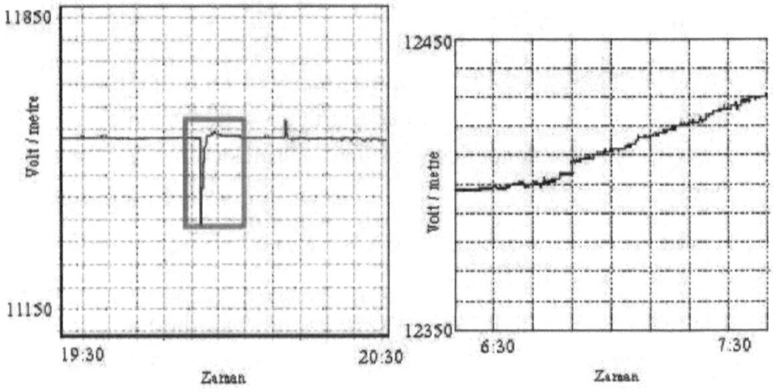

a) *b)*

Şekil 3.17 a) *Deprem habercisi içeren Sakarya istasyon kaydı (05.12.2001),*
b) *Olağan değişim içeren Balıkesir istasyon kaydı (28.06.2001).*

Hebb algoritmasının uygulanmasından önce verilerin [0.1 0.9] aralığında olması, uygulama sonrası çıkışların aynı aralıkta olması anlamına gelmez. Bu nedenle, Hebbian analizi sonrası doğrusal ölçekleme ile YSA giriş verileri tekrardan [0.1 0.9] aralığına çekilir.

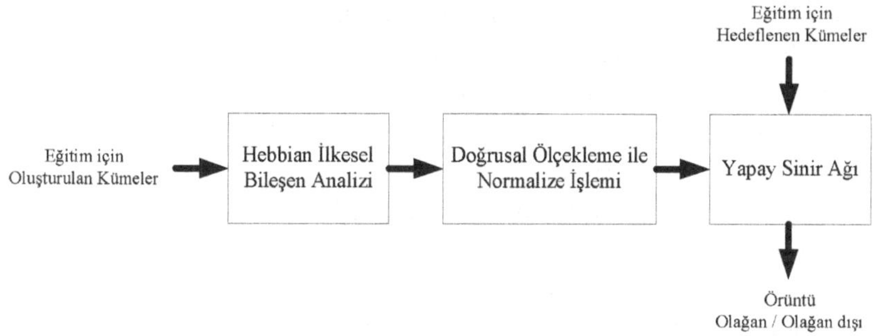

***Şekil 3.18** Olağan dışı örüntünün saptanmasında izlenen işlem akışı*

YSA' da hedeflenen küme örüntülerine ilişkin deprem habercisi olan örüntüler [1 0] şeklinde, olağan dışı davranış içermeyen örüntüler ise [0 1] şeklinde kodlanmıştır. Burada amaç mevcut çalışma bölgesini iki sınıfa ayırmaktır. Kodlamada Hamming uzaklığının 1 yerine 2 alınması, sınıflamanın başarı yüzdesini artırmıştır. Uygulamada gerçeklenen ağ yapısı Şekil 3.19' da gösterilmiştir.

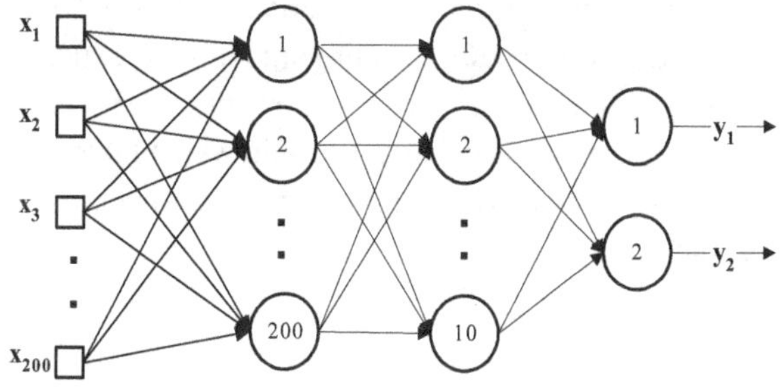

***Şekil 3.19** Olağan dışı örüntü saptaması için gerçeklenen çok katmanlı ağ modeli*

Eğitimi durdurma ölçütü olarak, ortalama karesel hatanın belirli bir eşik değerinden daha küçük bir değere düşmesi durumu dikkate alınmıştır. Delta öğrenme kuralı ile gerçeklenen çalışmada, son katmandan giriş katmanına doğru (backward) delta değerinin düşmesi, her katmanda öğrenme katsayısını farklı almamıza neden olmuştur. Ağın çıkış değerlerinin (0-1) arasında olması beklendiğinden çıkış katmanında sigmoid fonksiyonu kullanılmıştır. Eğitim sürecinde farklı YSA parametreleri ile çeşitli çalışmalar gerçeklenmiş olup, bunlardan üç tanesinin ölçütleri ve başarım değişimleri Tablo 3.1'de gösterilmiştir. Tabloda görülen kısaltmalar;

$\eta 1$: Birinci gizli katman öğrenme katsayısını,

$\eta 2$: İkinci gizli katman öğrenme katsayısını,

$\eta 3$: Çıkış katman öğrenme katsayısını,

α : Momentum katsayısını,

e : Ortalama karesel hatayı,

y : Eğitimde yaklaşılan ortalama karesel hatayı,

n : Adım sayısını,

giriş_ns : Giriş nöron sayısını,

k1_ns : Birinci katmana ilişkin nöron sayısını,

k2_ns : İkinci katmana ilişkin nöron sayısını,

çıkış_ns : Çıkış katmanına ilişkin nöron sayısını simgeler.

Tablo 3.1' de görüldüğü üzere, farklı öğrenme katsayılarından oluşan (200-200-10-2) yapıda bir ağ modeli üzerinde çalışılmıştır. Eğitim aşamasında ortalama karesel hatanın adım sayısı ile üstel bir biçimde azaldığı saptanmıştır. Bu tür bir değişim eğitim aşamasında beklenen bir değişimdir.

Örüntülerin denenme aşaması, eğitme aşamasında olduğu gibi çeşitli ön işlemler içermektedir. Deneme örüntüleri işleme katılmadan önce Hebbian tabanlı ilkesel bileşen analizi ile örüntü boyutları 200'e indirgenir ve elde edilen vektör doğrusal ölçeklemeyle normalize edilir. Diğer bir önemli nokta ise verilerin denenmesi esnasında herhangi bir örüntünün kaçırılmaması için veri bloklarının tekrarlanması gerektiğidir (Şekil 3.20). Blokların tekrarı, bu çalışmada gerçeklenen tüm uygulamaların denenmesinde dikkate alınmıştır.

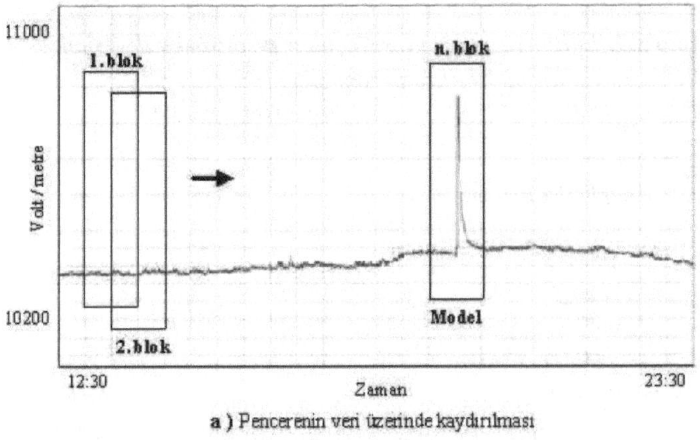

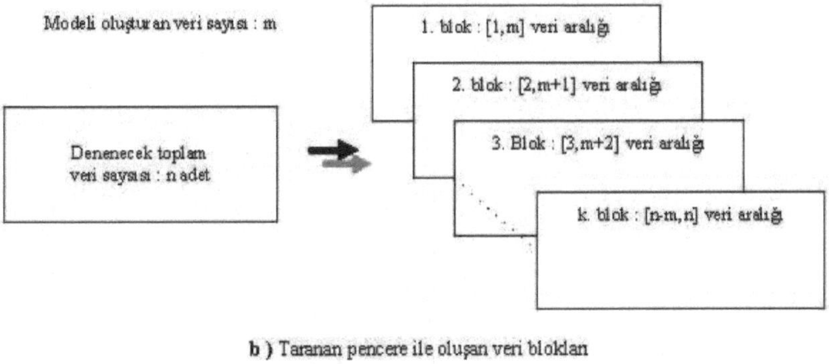

Şekil 3.20 *Tekrarlı blokların oluşturulması*

Deneme kümesi için belirlenmiş örüntülerin eğitilmiş ağırlıklar ile denenmesi sonucu elde edilen çıkışlar Tablo 3.2'de gösterilmiştir. Tablo 3.2' nin ilk sütününda elde edilmesi beklenen kodlar ve sonraki sütünlarda ise gerçeklenen üç uygulamanın deneme sonuçları yer almaktadır. Sonuçlardan koyu renkli yazılmış olanlar, yanlış sınıflandırılmış örüntülerdir. Tablo 3.2'de görüldüğü üzere, 1. ve 2. uygulamada örüntülerden 1. ve 9. örüntülerinin yanlış sınıflandırılmış oldukları saptanmıştır. 3. uygulamada ise 1. örüntünün yanlış sınıflandırılması, uygun parametre ölçütlerinin değişimiyle giderilmiştir.

Tablo 3.1. Eğitim aşamasındaki ölçütler ve başarım değişimleri

Uygulama	***Parametreler***	***Başarım Değişimi***
1	*η1=0,4* *η2=0,2* *η3=0,1* *α=0,5* *e=0,1* *y=0,0999817* *n=354* *giris_ns=200* *k1_ns=200* *k2_ns=10* *çıkış_ns=2*	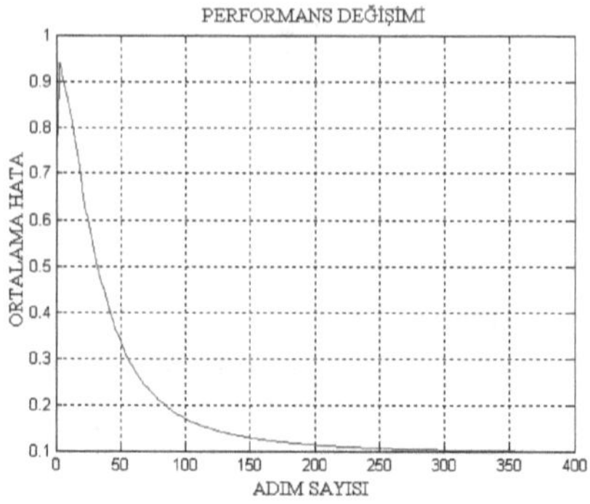
2	*η1=0,6* *η2=0,4* *η3=0,2* *α=0,9* *e=0,1* *y=0,099845* *n=74* *giris_ns=200* *k1_ns=200* *k2_ns=10* *çıkış_ns=2*	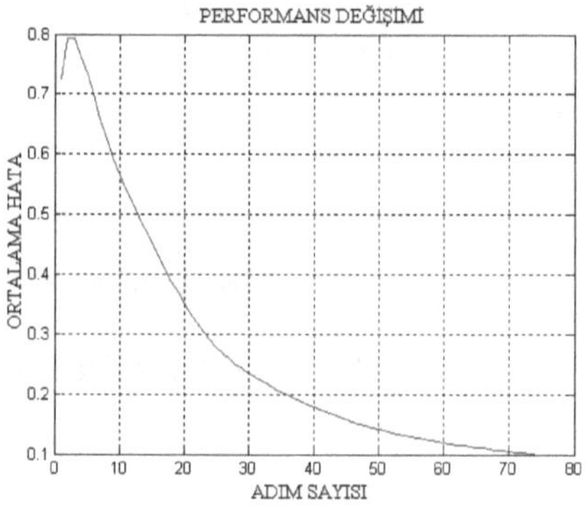
3	*η1=0,7* *η2=0,5* *η3=0,3* *α=0,9* *e=0,04* *y=0,0399* *n=1002* *giris_ns=200* *k1_ns=200* *k2_ns=10* *çıkış_ns=2*	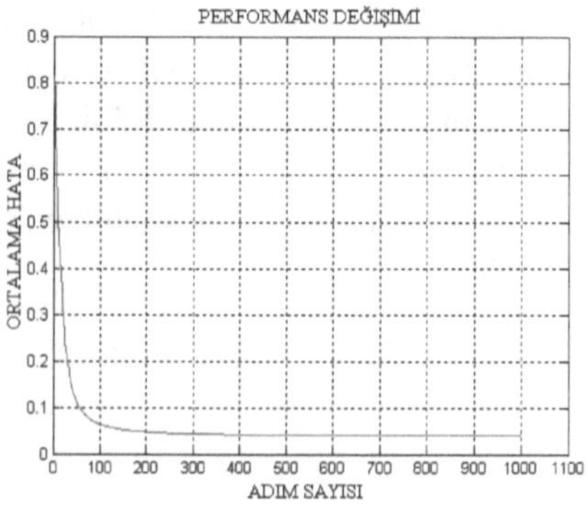

Tablo 3.2'de görüldüğü üzere, 9. deneme örüntüsü ise yapılan tüm uygulamaların sonucunda istenilen sınıfa dahil edilememiştir. Bunun nedeni, deprem habercisi olan değişimin genliği (A) oldukça küçük olmasıdır. Olağan değişimlerin bulunduğu örüntülerin tamamiyle ayrıştırılması, saptanan diğer bir önemli sonuçtur. Bu koşullarda 1. ve 2. uygulamanın başarım oranları %86.67 iken, 3. uygulamanın uygun ağ parametreleri ile başarım oranı %93.33 değerine yükseltilmişir.

Tablo 3.2. *Deprem haberci örüntüsünün saptanmasında ağın deneme sonuçları*

		Uygulama					
Olması Beklenen	Örüntü	1		2		3	
Deprem Habercisi Olan Örüntü Kodu [1 0]	**1**	**0,3945**	**0,5848**	**0,4953**	**0,4523**	0,9245	0,1154
	2	0,9468	0,0500	0,8728	0,0902	0,9821	0,0265
	3	0,9419	0,0567	0,9513	0,0394	0,9749	0,0354
	4	0,9263	0,0720	0,8034	0,1302	0,9125	0,0870
	5	0,9669	0,0337	0,9553	0,0429	0,9777	0,0267
	6	0,9609	0,0412	0,9454	0,0566	0,9790	0,0287
	7	0,9352	0,0638	0,9357	0,0654	0,9611	0,0375
	8	0,8784	0,1301	0,7269	0,3624	0,9149	0,0720
	9	**0,0438**	**0,9592**	**0,0558**	**0,9509**	**0,0171**	**0,9847**
	10	0,9634	0,0381	0,9481	0,0609	0,9723	0,0355
Olağan Değişimi İçeren Örüntü Kodu [0 1]	11	0,0661	0,9292	0,0505	0,9544	0,0447	0,9544
	12	0,0827	0,9147	0,1042	0,8990	0,1180	0,8957
	13	0,0944	0,8967	0,0593	0,9394	0,0453	0,9470
	14	0,0588	0,9457	0,0549	0,9524	0,0201	0,9808
	15	0,0377	0,9654	0,0489	0,9574	0,0148	0,9861
Başarım Oranı		%86,67		%86,67		%93,33	

3.4.2. Özdüzenlemeli Özellik Haritalama Ağı ile Örüntü Sınıflama

Bir önceki bölümde ÇKA yönteminin nasıl kullanılacağı anlatılmıştır. Ayrıca deprem habercisi olan örüntünün saptanmasıyla ilişkili uygulamalar tanıtılmıştır. Bu bölümde ise özdüzenlemeli özellik haritalama ağlarının yapısı tanıtılacak ve bu yöntemden faydalanarak deprem habercisi olan örüntünün saptanmasına ilişkin gerçeklediğimiz uygulamalara değinilecektir. Bu ağ yapısı, değişime ilişkin özniteliklerin (feature extraction) çıkarılması amacı ile kullanılmıştır.

Özdüzenlemeli ağlar, giriş işaretlerinin esas olarak eğiticisiz biçimde analizi ve kodlanmasını sağlayan bir yapay sinir ağıdır. Özdüzenlemeli ağlar, büyük boyutlu bir örnek vektör uzayının küçük boyutlu (genellikle 1 veya 2 boyutlu) hücrelerde haritalanmasıdır. Özellik haritaları gelişmiş hayvan beyinlerindeki korteksierde bulunan topografik haritalara çok yakın benzerlik göstermektedir. Ağın boyut sayısı ikiyle de sınırlı değildir. Ancak biyolojik haritalar genelde iki boyutludur [43].

Özdüzenlemeli özellik haritalama ağları, eğiticisiz bir öğrenme işlemi sonucu hücreleri çeşitli giriş örüntülerine veya örüntü sınıflarına göre öbekler. Ağın giriş örüntüsüne aktif yanıtı sadece ağdaki bir hücre veya bir yerel komşuluklu hücre kümesi verir. Farklı giriş örüntülerine göre yanıtlar veren nöronların kafesteki konumu, koordinat düzeninde anlamlı bir dağılım oluşturur. Bu nedenle, bir hücrenin uzaysal konumu veya koordinatları, giriş işareti örüntülerinin belirli bir bölgesine karşılık gelir. Her bir hücre veya yerel hücre kümesi aynı giriş için, ayrı bir kod çözücü gibi davranır.

Kohonen' in önerdiği bu ağ türünün uygulamaları, genelde konuşma tanıma alanında görülür [32]. Şekil 3.21' de iki boyutlu bir hücre kafesi şematik olarak gösterilmiştir. Kafeste bulunan her nöron, girişte bulunan tüm nöronlara tam bağlantılıdır.

Özdüzenlemeli YSA' nın eğitimi için öncelikle sinaptik ağırlık vektörünün başlangıç değerleri küçük sayılardan oluşacak şekilde rastgele seçilir. Bu işlemden sonra özdüzenlemeli YSA' ya ilişkin temel üç ana bölüm sırasıyla işleme konarak öğrenme işlemi gerçeklenir. Bu bölümler [32];

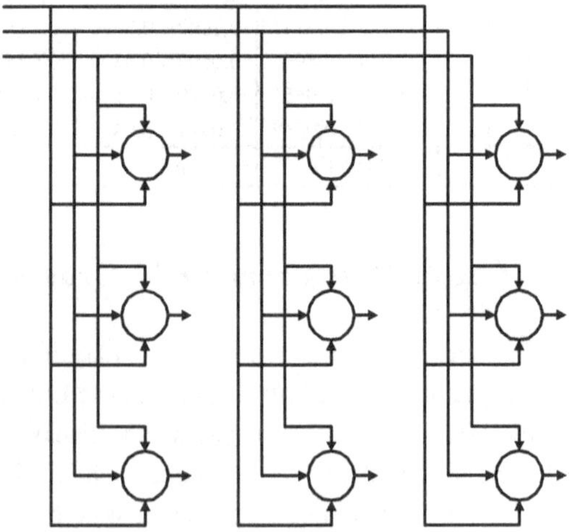

Şekil 3.21 *İki boyutlu özdüzenlemeli YSA yapısı*

a) Yarışma (*Competition*): Her giriş örüntüsü için YSA'da bulunan her nöronun benzerlik (diskriminant) fonksiyon değeri hesaplanır. Bu değer, nöronların arasında bir ölçüt olarak alınır. En yüksek benzerlik değerine sahip nöron, yarışmayı kazanan nörondur.

b) İşbirliği (*Cooperation*): Kazanan nöron ile işbirliği yapılacak nöronlar tespit edilir. Bu işlem bir komşuluk tanımı yardımıyla yapılır.

c) Sinaptik Özuyarlama (*Synaptic Adaptation*): Son adımda ise işbirliği yapılacak nöronların ilgili giriş örüntüsü için sinaptik ağırlık vektörü güncellenerek benzerlik artırılmaya çalışılır.

a) Yarışma Aşaması

Giriş uzay boyutu m ise giriş örüntü vektörü

$$x = [x_1, x_2, ..., x_m]^T \tag{3.45}$$

şeklinde ifade edilebilir. Sinaptik ağırlık vektörünün boyutu, ağın giriş vektörü ile aynı boyutludur. Ağdaki j nörona ilişkin ağırlık vektörü

$$w_j = [w_{j1}, w_{j2}, ..., w_{jm}]^T, \quad j = 1,2,...,l \tag{3.46}$$

ile yazılır. Bağıntıda bulunan l, ağdaki toplam nöron sayısını simgeler. Yarışma aşamasında çoğunlukla x ve w_j vektörleri arasında Euclidean uzaklığı bir ölçüt olarak alınır ve

$$i(x) = \arg\min_j \|x(n) - w_j\|, \quad j = 1,2,...,l \tag{3.47}$$

bağıntısıyla hesaplanır. En küçük Euclidean uzaklık değerine sahip olan nöron, ilişkili giriş örüntüsü için yarışmayı kazanan nörondur. Diğer bir deyişle, giriş vektörüne en yakın sinaptik ağırlık saptanmış olur.

b) İşbirliği Aşaması

Kazanan nöronun bulunduğu koordinat, merkez olarak belirlenir. İşbirliği yapılacak komşu nöronların saptanması için düşünülen kavram şöyle açıklanabilir: Kazanan nöronun yakın nöronlar ile daha çok işbirliği yapması ve uzaktaki nöronlar ile mesafeyle azalan biçimde bir işbirliğini gerçekleştirmesidir [44, 45]. Kullanılacak $h_{j,i}$ fonksiyonu topolojik komşuluk (topological neighborhood) derecesini ifade eder ve parametrelerden i kazanan nöronu, j ise işbirliği yapılacak nöronu işaret eder.

Parametrelerden $d_{i,j}$ ise yanal uzaklık (lateral distance) olup, kazanan i. nöron ile işbirliği yapılacak j. nöronun yanal uzaklığını ifade eder. Bu durumda her iki parametre birbirine bağımlı bir fonksiyon olarak düşünülebilir. Ancak, $d_{i,j} = 0$ durumunda $h_{j,i}$ en büyük değerine ulaşırken, $d_{i,j} \rightarrow \infty$ durumunda ise $h_{j,i}$ simetrik olarak sabit azalan bir değişim göstermelidir. Gaussian fonksiyonu bu durumları sağlayıp,

$$h_{j,i(x)} = e^{\left(-\frac{d_{j,i}^2}{2\sigma^2}\right)} \tag{3.48}$$

bağıntısıyla ifade edilir. Denklemde bulunan σ (effective width) terimi komşuluk etki genişliğini simgeler. Gaussian fonksiyonu dikdörtgen topolojisine göre biyolojik yapıya daha uygundur (Şekil 3.22). Yapılan çalışmalarda da Gaussian fonksiyonuna sahip YSA' ların daha hızlı yakınsadığı görülmüştür [44, 45].

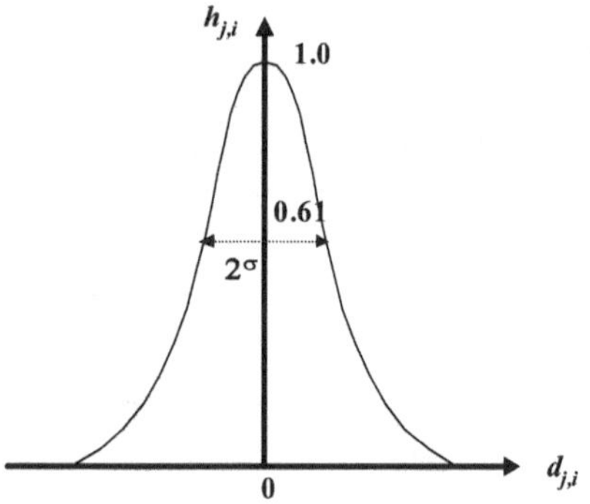

***Şekil 3.22** Gaussian komşuluk fonksiyonu*

Yanal uzaklık $d_{i,j}$, topolojinin bir boyutlusu için $|j-i|$ ile hesaplanabilirken, iki boyutlusu için

$$d_{j,i}^2 = \left\| r_j - r_i \right\|^2 \tag{3.49}$$

bağıntısıyla hesaplanır. Denklemde bulunan r_j ayrık vektörü, işbirliği yapılacak j nöronuna ilişkin konumu simgeler. r_i ayrık vektörü ise kazanan nöronun konumunu simgeler.

Özdüzenlemeli YSA algoritmasının diğer bir özelliği, ağ yapısındaki komşuluk derecesinin zamanla azalmasıdır. Bu durum doğrudan σ terimi ile ilişkili olmasından dolayı, değişken

$$\sigma(n) = \sigma_0 e^{\left(-\frac{n}{\tau_1}\right)}, \quad n = 0,1,2,..., \tag{3.50}$$

şeklinde bir bağıntı olarak yazılabilir. Denklemde bulunan σ_0, komşuluk etki genişliğinin (σ) başlangıç değerini ve τ_1 ise birinci zaman katsayısını simgeler. Bu durumda $h_{j,i}$ 'nin zaman ile değişim ifadesi,

$$h_{j,i(x)}(n) = e^{\left(-\frac{d_{j,i}^2}{2\sigma(n)^2}\right)}, \quad n = 0,1,2,..., \tag{3.51}$$

bağıntısı şeklinde yazılabilir. Denklemde bulunan n, zamanı işaret eder.

c) Özuyarlama (Adaptif) Aşaması

Öğreticisiz öğrenme stratejisi için Hebbian kuramı başarısızlıkla sonuçlanmıştır [30]. Bunun nedeni bağlantılardaki değişimin bir yönde olması ve sonuçta tüm sinaptik ağırlık değerlerinin doyum noktasına ulaşmasıdır. Hebbian algoritmasındaki problemin çözümü için denkleme "unutma terimi" olan $-g(y_j)w_j$ ifadesi eklenmiştir. Denklemde bulunan $g(y_j)$ terimi, y_j parametresinin pozitif skaler fonksiyon cevabıdır. $y_j = 0$ için $g(y_j) = 0$ olduğu unutulmamalıdır. Bu durumda ağırlık değişimi,

$$\Delta w_j = \eta y_j x - g(y_j) w_j \tag{3.52}$$

şeklinde yazılabilir. Denklemde bulunan η, öğrenme katsayısını simgeler. (3.52) bağıntısının sağ tarafının ilk terimi Hebbian, ikinci terimi ise unutma terimidir. Ağırlık değişiminin, (3.52) denklemini sağlaması için

$$g(y_j) = \eta y_j \tag{3.53}$$

şeklinde lineer bir fonksiyon alınmıştır. Aşağıdaki denklem yardımıyla da (3.52) bağıntısı basitleştirilebilir.

$$y_j = h_{j,i(x)} \tag{3.54}$$

Yukarıda ifade edilen (3.53) ve (3.54) denklemlerinin (3.52)'de yerine konması durumunda,

$$\Delta w_j = \eta h_{j,i(x)} (x - w_j) \tag{3.55}$$

bağıntısı elde edilir. Sonuçta ayrık-zaman formu kullanılarak ağırlık güncelleneme işlemi

$$w_j(n+1) = w_j(n) + \eta(n)h_{j,i(x)}(n)\left(x - w_j(n)\right) \qquad (3.56)$$

şeklinde bir bağıntı olarak yazılabilir [46].

Öğrenme katsayısı η_0 başlangıç değerinden başlayıp, zamanla azalan bir değişim göstermelidir. Bu forma uyan fonksiyonlar: üstel azalan yapıdaki fonksiyonlardır. Bundan nedenle öğrenme katsayı fonksiyonu,

$$\eta(n) = \eta_o e^{\left(-\frac{n}{\tau_2}\right)} \quad , \; n = 0,1,2,..., \qquad (3.57)$$

şeklinde yazılabilir. Denklemde bulunan τ_2, diğer bir zaman sabitini simgeler.

Yukarıda ağın algoritmik olarak eğitiminde izlenilen yarışma, işbirliği ve sinaptik uyarlama aşamalarına değinilmiştir. Özdüzenlemeli ağın eğitiminde, (3.55) bağıntısıyla gerçeklenen sinaptik ağırlık güncelleme işlemi ise kendi içinde iki aşamada gerçekleşir. Bunlar:

i) Özdüzenleme (Self-Organizing) aşaması

ii) Yakınsama (Convergence) aşaması

i) Özdüzenleme (Self-Organizing) Aşaması

Uyarlama işleminin ilk aşaması olup, ağırlık vektörünün kaba değerler ile topolojik dağılımı veya sıralanma sürecidir. Özdüzenleme aşaması en az 1000 adımda gerçekleşen aşamadır. Eğitim esnasında parametre değerlerinin saptanması oldukça önemlidir. Genellikle, öğrenme katsayısının 0.1'e yakın bir değerden başlaması ve adım sayısı arttıkça bu katsayının 0.01 değerinin altına düşmeyecek şekilde azaltılması gerekir. Bu şartlara uyan parametre değerleri: $\eta_0 = 0.1$ ve $\tau_2 = 1000$' dir.

Komşuluk fonksiyonu $h_{j,i}(n)$ ise öncelikle YSA' daki tüm nöronlarla işbirliği yapabilecek derecede olmalı ve zamanla bu işbirliği yapılacak nöron çapı daraltılmalıdır. Bu durumda σ_0 ifadesi çap olarak alınabilir ve zaman katsayısı τ_1 ile oranı: $\tau_1 = 1000/\log\sigma_0$ şeklinde yazılabilir.

ii) Yakınsama (Convergence) Aşaması

Öğrenme sürecinin ikinci aşaması olup, özellik haritasının daha hassas ve doğru bir şekilde dağılımının sürecidir. Genel olarak yakınsama aşamasının adım sayısı, en az YSA' da bulunan nöron sayısının 500 katı olmalıdır [47]. Bu nedenle, adım sayısı onbinlerce olabilmektedir.

Özdüzenlemeli özellik haritalama ağlarında özetle izlenen algoritma,

1. Başlangıç değerlerinin atanması: Öncelikle $w_j(0)$ ağırlık vektörüne rastgele değerler atanır. Burada dikkat edilmesi gereken nokta, atanacak değerlerin birbirinden farklı olması gerektiğidir. Diğer bir yol ise giriş vektör $\{w_j(0)\}_{j=1}^{l}$ kümesinden rastgele seçilerek $\{x_i\}_{i=1}^{N}$ vektörünün oluşturulmasıdır.
2. Yarışma süreci: En küçük Euclidean uzunluğu ölçüt olarak alınır ve kazanan nöronlar $i(x)$ ile belirlenir.

$$i(x) = \arg\min_{j} \left\| x(n) - w_j \right\|, \qquad j = 1,2,...,l \tag{3.47}$$

3. Ağırlık güncelleme aşaması: Ağırlık değişimi (3.56) bağıntısı ile hesaplanır.

$$w_j(n+1) = w_j(n) + \eta(n) h_{j,i(x)}(n)\left(x(n) - w_j(n)\right) \tag{3.56}$$

4. Kontrol süreci: Özellikle haritalama işleminde herhangi bir değişim gözlenmiyor olması durumunda veya ağırlık artışının belirli bir eşik seviyesinin altında seyretmesi durumda, algoritma sonlandırılır. Aksi durumda 2. adıma dönülür.

Yukarıda değinilen algoritmanın önemli özellikleri şöyle açıklanabilir: Yarışma aşamasında ölçüt olarak uzaklık değeri kullanılması nedeniyle, ağırlık vektörlerinin normalizasyonu yapılmaz. Ayrıca ağırlık vektörlerinin başlangıç değeri sıfırdan başlatılabilir.

Tanıtılan özdüzenleme ağları ve kafeste bulunan nöronlara ilişkin ağırlıkların güncellenmesi konularından faydalanılarak, deprem habercisinin ağ üzerinde eğitimi sağlanmıştır. Ağın girişinde tipik deprem haberci örüntüsü kullanılmış ve TEA duyargasından elde edilen veriler içinde bu örüntü saptanmaya çalışılmıştır. Konuyla ilgili ayrıntılar aşağıda anlatılmıştır.

Bu aşamada gerçeklenen çalışmanın amacı, deprem habercisi olduğu varsayılan sismik anomalileri saptamaktır. Kohonen ağlarında bu saptama işlemi, deprem habercisi olan veya olmayan örüntüler biçiminde iki sınıf oluşturması şeklinde gerçekleşir. Özdüzenlemeli özellik haritalama ağları, yüksek boyutlu bir örnek vektör uzayının düşük boyutlu hücrelerde haritalanmasıdır. Ağın boyut sayısı ikiyle de sınırlı değildir, ancak biyolojik haritalar genelde iki boyutlu olduğundan [36], örüntü sınıflama analizi için kullanılan Kohonen ağı, iki boyutlu mimari olarak tasarlanmıştır.

Bu kapsamda yapılan çalışmalarda iki boyutlu 5x5, 10x10 ve 15x15 kafes yapıları kullanılmıştır. Bu yapılar arasındaki başarımı ölçebilmek açısından, her üç farklı kafes yapısı için aynı eğitim kümesi kullanılmıştır. 22.03.2001 tarihli Ulus terminalinden alınan sismik anomali örüntüsünün, aynı anda olağan ve olağan dışı değişimleri kapsamasından dolayı, eğitim kümesi olarak kullanılmıştır. Bu eğitim kümesi toplam 700 veriden oluşur ve 25' erli gruplar halinde kümelendirilerek YSA' da eğitilmek üzere ağın girişine uygulanır. Toplam eğitim kümesindeki örüntü sayısı 28 olup, bunlardan sadece 4 tanesi olağan dışı değişim içermektedir. Örüntüler Şekil 3.23' de etiketlendirilmiş olarak gösterilmiştir.

Şekil 3.23'ten görüldüğü üzere, eğitim kümesinin 17., 18., 19. ve 20. örüntü parçacıkları olağan dışı değişimi içermekte olup, kalan örüntüler ise olağan değişimleri içermektedir. Bu olağan değişimi kapsayan örüntülerin taban değeri farklı seviyelerde ancak benzer türden değişim içerdikleri görülmektedir.

Özdüzenlemeli ağın eğitimi sonunda beklenen sonuç; anomali içeren ve içermeyen örüntülerin kafeste farklı nöronlar tarafından temsil edilmeleridir.

Ağın eğitiminde ve denenmesi aşamasında izlenilen işlem akışı Şekil 3.24'te gösterilmiştir. Şekilde görüldüğü üzere, öncelikle istasyondan alınan kayıt doğrusal ölçekleme ve 25'erli gruplar halinde kümelendirilir. Bu ön işlemden sonra veriler ya eğitilmek üzere ağın girişine yönlendirilir ya da denenmesi için eğitilmiş ağ paremetreleri ile değerlendirilmeye yönlendirilir.

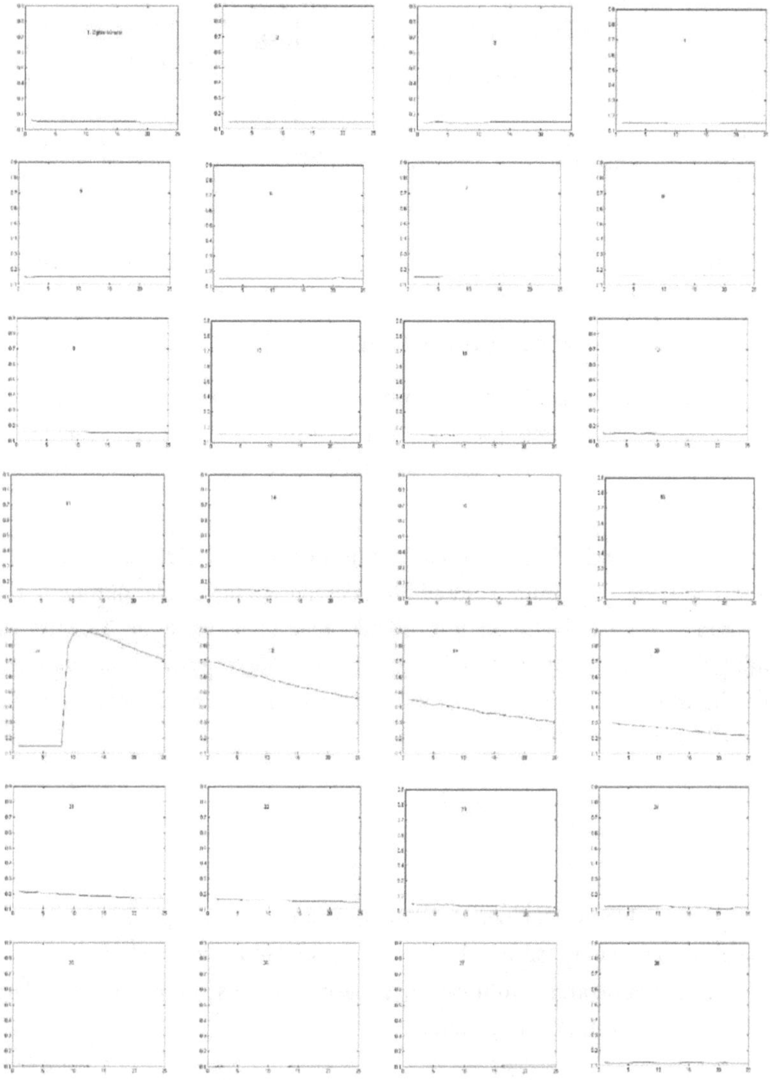

Şekil 3.23 *Eğitim kümesini oluşturan 28 örüntü parçacığı*

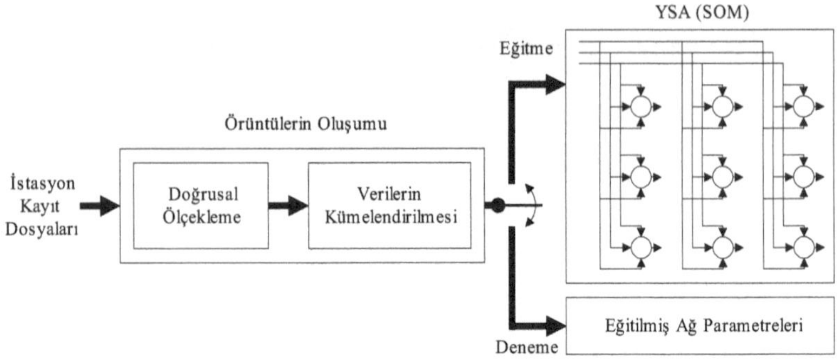

Şekil 3.24 *Eğitim ve deneme aşamalarında izlenilen işlem akışı*

Eğitim sürecinde gerçekleşen sinaptik ağırlık güncelleme işlemi, sırasıyla özdüzenleme ve yakınsama aşamalarından oluşur. Özdüzenleme aşaması, ağırlık vektörünün kaba değerler ile topolojik dağılımı veya sıralanması sürecidir. En az 1000 adımda gerçekleşir.

Öğrenme sürecinin ikinci aşaması olan yakınsama, özellik haritasının daha hassas ve doğru bir şekilde yayılımının sürecidir. Zurada bu aşamada öğrenme başlangıç katsayısının adım sayısıyla orantılı olarak azaltılmasının ağın öğrenme sürecini devamlı kılacağını belirtmiştir [47]. Belirtilen katsayı, yakınsama aşamasında iki farklı yolla azaltılır. Birinci yol, η_0 katsayı değerinin adım sayısıyla orantılı olarak lineer azaltılmasıdır. Bu işlem,

$$\eta_0 = \eta_0 \cdot \left(1 - \frac{t - t_p}{t_q}\right) \tag{3.58}$$

bağıntısıyla gerçeklenir. Denklemde bulunan t adım sayısını, t_p yakınsama aşamasının başlangıç adımını ve t_q ise eğitme işleminin sonlandırılmak istenen adım sayısını simgeler. Diğer bir azaltma yolu ise, η_0 değerinin adım sayısıyla orantılı olarak üstel biçimde azaltılmasıdır. Bu güncelleme,

$$\eta_0 = \eta_0 \cdot e^{\left(\frac{-t-t_p}{t_q}\right)} \tag{3.59}$$

bağıntısı ile sağlanır. Her iki azalma işlemini gerçeklerken dikkat edilmesi gereken noktalar;

a) Başlangıç öğrenme katsayısının işlem başında 1 değerine yakın alınması

b) Eğitimi durdurma ölçütü olarak adım sayısının belirlenmiş bir eşik seviyesine ulaşmasıdır.

Çalışmanın bu bölümünde çeşitli uygulamalar gerçekleştirilmiştir ve bu uygulamaların bazılarında başlangıç öğrenme katsayısı üstel biçimde azaltılmıştır. Uygulanan çalışmalarda öğrenme başlangıç katsayısı η_0=0.9 olarak alınmıştır. Eğitim aşamasının ilk 1000 adımı özdüzenleme ve sonraki 4000 adım yakınsama aşaması olmak üzere ağın toplam eğitim süreci 5000 adımda sonlandırılmıştır. Durdurma ölçütü olarak adım sayısının belirli bir eşik seviyesine ulaşması gerekliliği, zaman açısından oldukça maliyetli olduğu gözlenmiştir.

Yukarıda belirtilen azaltma işlemi eğitilecek verilerin dağılımına bağlıdır. Bazı problemlerde azaltma işlemiyle iyi sonuç alınırken, bazıları ise bekleneni vermemektedir. Bu durumda yapılması gereken işlemler:

a) Yakınsama aşamasında (η_0) katsayısı azaltılmamalı,

b) (η_0) değerinin eğitim süresince sabit ve 0.1 değerine yakın alınması gerekir.

Bu durum, eğitim aşamasında özellik haritasının daha hassas yayılımına olanak sağlar. Bu yaklaşımla çalışma kapsamında gerçeklenen uygulamalarda başlangıç öğrenme katsayısı η_0 = 0.1 olarak alınmıştır. Diğer bir nokta ise, eğitimi durdurma ölçütü olarak adım sayısı yerine ortalama ağırlık artış miktarının ($dw_{ort.}$) belirlenmiş bir eşik seviyesinin altına düşmesidir.

Çalışma kapsamında yapılan uygulamalardan bir tanesinin ayrıntısı aşağıda anlatılmıştır.

Çalışmada gerçeklenen iki boyutlu 10 sütun ve 10 satırdan oluşan kafes yapısının YSA modeli Şekil 3.25' de gösterilmiştir.

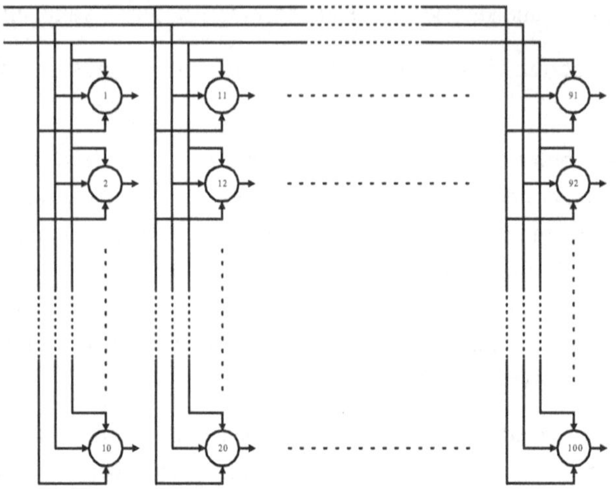

***Şekil 3.25** Gerçeklenen özdüzenlemeli 10x10 kafes yapısı*

Örüntülerin eğitiminden önce ağırlık kümesinin belirlenmesi, [-0.1 +0.1] değer aralığında rastgele veya eğitim kümesinden rastgele seçilerek oluşturulabilir. Yapılan çalışmalarda ağırlık vektörü [-0.1 +0.1] değer aralığında rastgele seçilmiştir. Bu seçimde rastgele sayıların birbirinden farklı olması gerekliliği dikkate alınmıştır. Bunun nedeni; Kohonen eğitiminin ilk aşaması olan yarışma işleminde, x ve w_j vektörleri arasında Euclidean uzaklığı ölçüt olarak alınmasıdır.

İşbirliği aşaması, özdüzenlemeli ağ eğitiminin ikinci aşaması olup, bu süreç işbirliği yapılacak komşu nöronların saptanmasını sağlar. Parametrelerden $h_{j,i}$ topolojik komşuluk derecesi Gaussian fonksiyonu ile belirlenmiştir. σ_0=3 olarak alınması durumunda (3.50) bağıntısı nedeniyle birinci zaman katsayısı τ_1=2095.9 olarak elde edilir. İkinci zaman katsayısı ise τ_2=1000 olarak alınmıştır.

Ağı eğitme işleminin yakınsama aşamasında başlangıç öğrenme katsayısı (η_0) öğrenme adımıyla orantılı olarak üstel biçimde azaltılmış olup, başlangıç değeri olarak η_0 = 0.9 alınmıştır. Eğitimin yakınsama aşamasına ilişkin adım sayısının, en az ağda bulunan hücre sayısının 500 katı olması gerekliliği Zurada tarafından önerilmiştir [47]. Bu durumda gerçeklenen ağda toplam 1000 (10x10) hücre olması nedeniyle, yakınsama aşaması için adım sayısının 50,000 olması gereklidir. Ancak bu durum zaman açısından oldukça maliyetlidir. Ayrıca eğitilecek veriler oluşturulacak sınıflara uygun bir zemin oluşturmaktadır. Tüm bu nedenlerden dolayı, ağ eğitiminin ilk 1000 adımı özdüzenleme ve sonraki 4000 adımı yakınsama aşaması olmak üzere toplam eğitim süreci 5000 adımda sonlandırılmıştır. Eğitim sonunda elde edilen başarım değişimi Şekil 3.26' da gösterilmiştir.

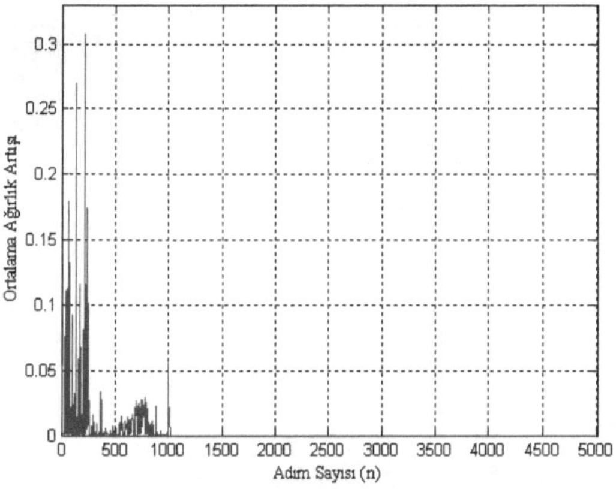

***Şekil 3.26** Eğitim aşamasına ilişkin başarım değişimi*

Şekil 3.26'da görüldüğü üzere ortalama ağırlık artış miktarının ilk adımlarda büyük olduğu ve özellikle 1000 adımdan sonra çok küçük değer artışı ile devam ettiği gösterilmiştir. Ancak ölçeğin 5000 değerine göre ayarlanmış olmasından dolayı, küçük artış miktarları görülememektedir. Eğitim kümesinin eğitilmiş ağırlıklar ile denenmesi sonucu oluşan dağılımın kafesteki konumu Şekil 3.27' de gösterilmiştir.

Şekil 3.27a' da görülen 1. bölge, olağan dışı değişim içeren örüntüleri kazanan nöronları kapsar. 2. bölge ise olağan değişimleri içeren örüntüleri kazanan nöronları kapsar. Deprem habercisi niteliğindeki değişimin ilk örüntü parçası olan ani genlik (A) artışı, kafeste (1,10) koordinatındaki nöron tarafından simgelendiği görülmektedir. Şekil 3.27b' de görüldüğü üzere, devamında gelen üstel genlik azalmasını içeren örüntüler ise sırasıyla (1,1), (1,5), (3,7) koordinatındaki nöronlar tarafından simgelenmiştir. Örüntülerin sırasıyla kafeste izlediği yol Şekil 3.27a' da oklarla gösterilmiştir. Ağırlıklar ile eğitim örüntülerinin denenmesi sonucu, kafesteki nöronların hangi örüntüleri simgeledikleri Ek-B' de gösterilmiştir.

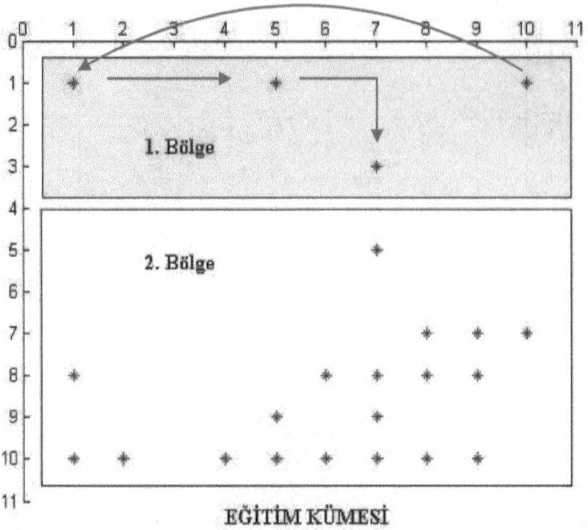

a) Eğitim örüntülerinin kafesteki dağılımı

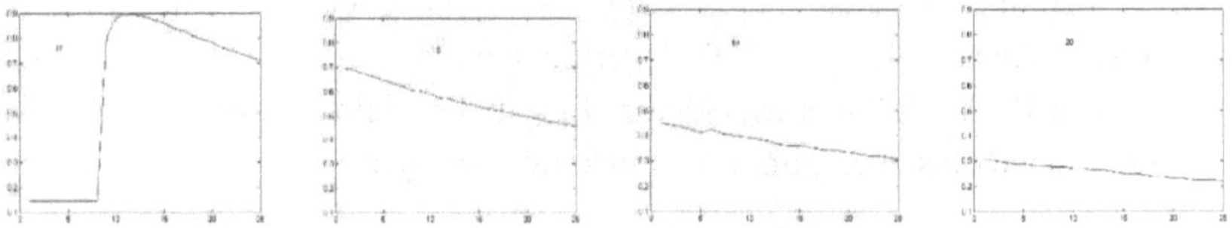

(1,10) (1,1) (1,5) (3,7)

b) *Olağan dışı olan örüntülerin sırasıyla kafesteki konumları*

Şekil 3.27 *Eğitilmiş ağa ilişkin ağırlıkların eğitim kümesi ile denenmesi*

Balıkesir terminalinden 28.03.2001 tarihli alınan kayıt, aynı anda olağan dışı değişimleri içeren ve içermeyen örüntüleri kapsamasından dolayı, deneme kümesi olarak kullanılmıştır. Şekil 3.28' de Balıkesir istasyonundan alınan kayıt ve deneme kümesi olarak kullanılan değişimin ölçeği büyütülmüş olarak gösterilmiştir. Deneme kümesi toplam 2000 veriyi kapsar ve her örüntü 25 veriden oluşacağından dolayı, toplam denenecek örüntü sayısı 80 olarak belirlenir.

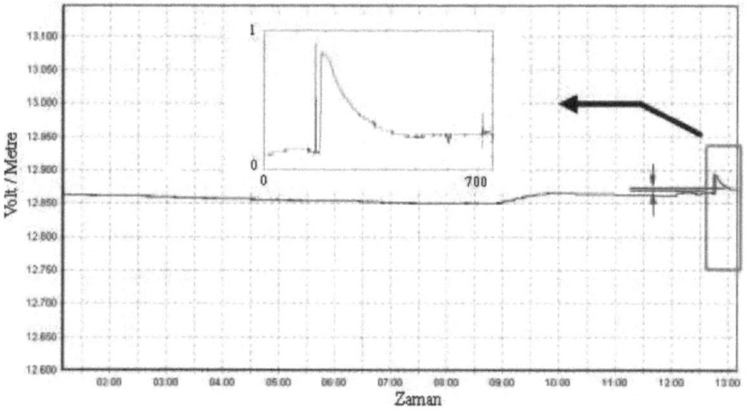

Şekil 3.28 *2000 veriyi kapsayan deneme kümesinin değişimi*

Şekil 3.28' de görülen olağan dışı değişim zarfı (ani genlik artışı) diğer değişimlere (ani genlik artışının öncesi ve üstel azalmanın sonrası) göre farklı bir sınıf oluşturması, eğitim işlemimizin doğru yapıldığının sonucunu gösterir. Eğitilmiş ağırlıkların belirlenen kümeyle denenmesi sonucu oluşan sınıflar Şekil 3.29'da gösterilmiştir. 2. bölge olarak belirtilen (8,7) koordinatlı hücre, olağan dışı değişimin öncesi görülen ani genlik artışını temsil eder. Her olağan dışı değişim öncesi ani genlik artışı görülmesi beklenmediğinden veya şu an için bir anlam ifade etmediğinden, bu türlü değişimler olağan değişim içeren örüntülerin sınıfına dahil edilmiştir. 1. bölgede belirtilen (1,10), (1,1), (1,2), (1,3), (1,4), (1,6), (2,6), (3,6), (3,7) koordinatlı hücreler ise sırasıyla ani genlik artışı ve üstel bir biçimde genlik düşüşünü simgeler. Eğitim kümesinin denenmesinde olduğu gibi, genlik artışı ve beraberinde gelen üstel düşüşü simgeleyen nöronların koordinat sisteminde sırasıyla belirli bir yolu izledikleri görülmüştür. Şekil 3.29'da nöronların hareket yönleri oklar ile gösterilmiştir. Son olarak 3. bölge ise olağan değişimleri içeren örüntüleri simgeleyen nöronları kapsar.

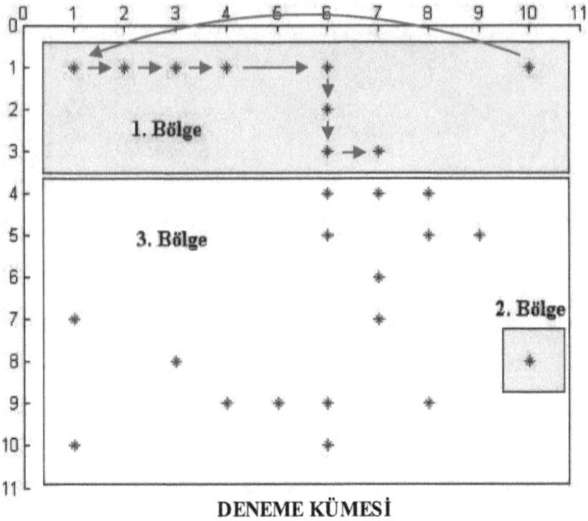

Şekil 3.29 *Deneme kümesini oluşturan örüntülerin sınıflandırılması*

Örüntülerin bir kısmı birbirlerine yakın değişimler içermesi nedeniyle, eğitim ve deneme süreçlerinde bu örüntülerin aynı nöron veya nöronlar tarafından temsil edildiği saptanmıştır. Saptanan nöronların hangi örüntüleri simgelendikleri Ek-C' de listelenmiştir. Çalışma kapsamında yapılan bu uygulamanın sonucundan anlaşılacağı üzere, olağan dışı değişim içeren veya içermeyen örüntüleri simgeleyen nöronlar kendi içerisinde iki farklı küme oluşturmuşlardır. Bu durum, yapılan eğitme işleminin başarıyla gerçekleştiğinin göstergesidir.

Çalışma kapsamında, aynı eğitim ve deneme kümesi kullanılarak farklı yapılarda çeşitli uygulamalar gerçeklenmiştir. Eğitim aşamasına ilişkin ağın parametre bilgileri Tablo 3.3'te gösterilmiştir. Tabloda görülen 7 uygulamanın sonuçları sırasıyla Tablo 3.4'te gösterilmiştir.

Tablo 3.3. Eğitim aşamasında kullanılan ağa ilişkin parametre bilgileri

Uygulama	Kafes yapısı	Eğitim aşamasının kaç adımda sonlandığı	η_0	Durdurma Ölçütü (e)
1	(5x5)	2259	0,1	Ort. ağırlık artışı
2	(10x10)	1268	0,1	Ort. ağırlık artışı
3	(10x10)	1772	0,1	Ort. ağırlık artışı
4	(10x10)	1998	0,1	Ort. ağırlık artışı
5	(15x15)	5000	0,9 (Üstel azalan)	Adım Sayısı
6	(15x15)	216	0,1	Ort. ağırlık artışı
7	(25x25)	31	0,1	Ort. ağırlık artışı

Tablo 3.4'ün sol sütununda bulunan değişimler eğitim kümesinin eğitilmiş ağırlıklar ile denenmesinin sonucunu yansıtır, sağ sütunundaki değişimler ise deneme kümesinin eğitilmiş ağırlıklar ile denenmesinin sonucunu yansıtır. Eğitim kümesi olarak kullanılan Ulus istasyonundan alınan kayıt, olağan dışı değişim öncesi herhangi bir ani genlik artışı içermemektedir. Bu nedenle ani genlik artışı gibi değişimleri simgeleyen nöronlar, eğitim kümesinin denenmesinde bir üçüncü bölge oluşturmamaktadır (Tablo 3.4'ün sol sütunu). Deneme kümesi olarak kullanılan Balıkesir istasyonundan alınan kayıt ise ani genlik artışı olması nedeniyle, dağılımda bir üçüncü bölge oluşturmaktadır. Bu oluşan bölge Tablo 3.4'ün sağ sütununda 2. bölge olarak gösterilmiştir.

Eğitim aşamasında sinaptik ağırlıkların başlangıç değeri, örüntüyü kazanan nöronun kafesteki konumunu belirler. Eğitim öncesi ağırlıkların rastgele belirlenmesi nedeniyle, yapılan her uygulamada kazanan nöronların kafesteki konumları farklı olduğu saptanmıştır. Bu durum Tablo 3.4'te görülmektedir. Tablo 3.4' de saptanan diğer bir önemli sonuç, uygulamalarda sismik anomali örüntüsünün tamamıyla (%100) ayrıştırılabildiğidir.

Olağan dışı değişimlerden deprem merkezinin istasyona uzaklığı, deprem büyüklüğü ve deprem zamanı gibi özniteliklerin çıkarılabilmesi durumunda, bu yöntemle ilgili özniteliklerin kısa/küçük, orta ve uzun/büyük vade gibi alt özniteliklerin sınıflandırılabilmesi mümkün olabilir. Bu da her bir özniteliği ve ilişkili vadesini (alt özniteliğini) kafeste farklı bir hücre tarafından temsil edebileceği anlamına gelir. Özniteliklerin çıkarılabilmesi ise sismik anomali örüntüsünün eğitim kümesinde sayısının artmasına bağlıdır.

Tablo 3.4.*Özdüzenlemeli ağlar ile yapılan uygulamaların sonuçları*

1. Uygulama : Kafes Yapısı (5x5)

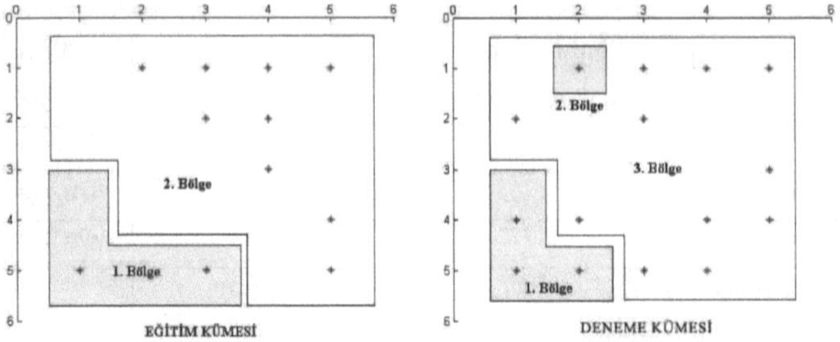

2. Uygulama : Kafes Yapısı (10x10)

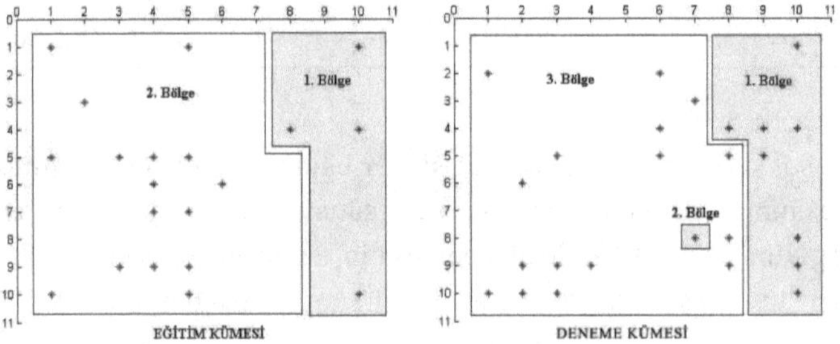

3. Uygulama : Kafes Yapısı (10x10)

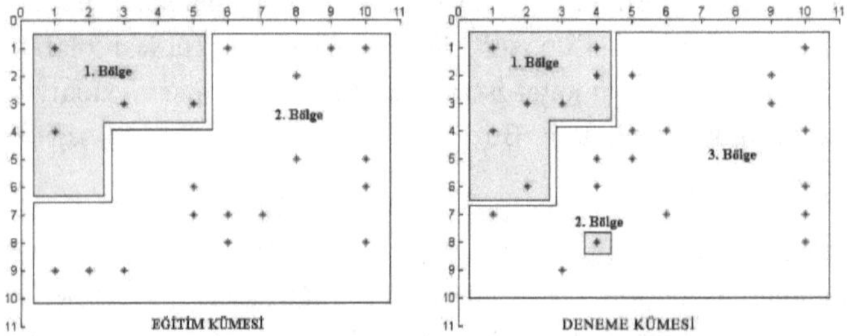

4. Uygulama : Kafes Yapısı (10x10)

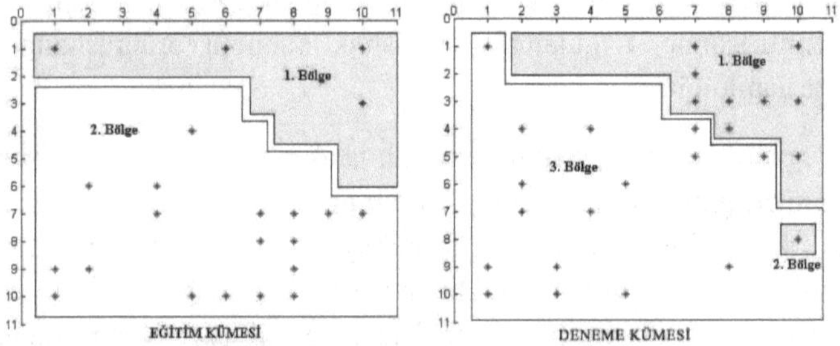

Tablo 3.4 (Devam) *Özdüzenlemeli ağlar ile yapılan uygulamaların sonuçları*

5. Uygulama : Kafes Yapısı (15x15)

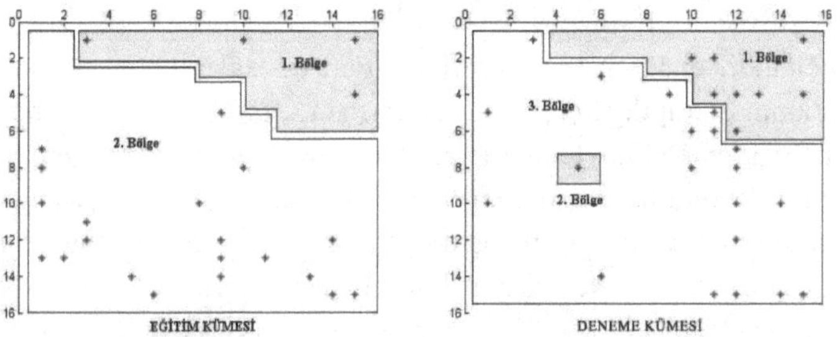

6. Uygulama : Kafes Yapısı (15x15)

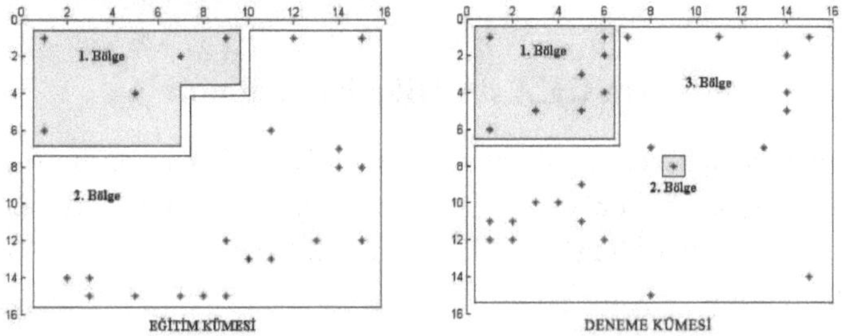

7. Uygulama : Kafes Yapısı (25x25)

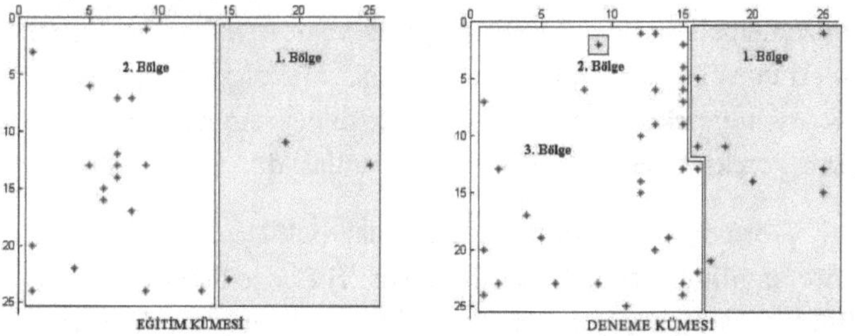

3.4.3. Oluşan Sınıfların ÇKA ve LVQ Yöntemleri ile Etiketlendirilmesi

Bir önceki bölümde, özdüzenlemeli özellik haritalama ağlarının yapısı anlatılmış ve çalışma kapsamında yapılan çeşitli uygulamalara değinilmiştir. Bu bölümde ise özdüzenlemeli ağların eğitimiyle oluşan sınıfların etiketlendirilmesi tanıtılacaktır. Bir önceki bölümde deprem habercisi olan örüntü ile olağan değişim içeren örüntülerin farklı sınıflar oluşturdukları görülmüştür. Bu oluşan sınıfların etiketlenmesi, çok katmanlı algılayıcı (ÇKA) ve vektör kuantalamayı öğrenme (LVQ) yöntemleri kullanılarak gerçeklenmiştir. Bu çalışmanın ayrıntıları aşağıda anlatılmıştır.

3.4.3.1. Oluşan Sınıfların ÇKA ile Etiketlendirilmesi

Bir önceki bölümde özdüzenlemeli ağların eğitimi ile iki farklı sınıf oluşturulmuştur. Oluşan bu sınıflar, bu bölümde çok katmanlı algılayıcının giriş örüntüleri olarak kullanılmış ve etiketlendirilmiştir. ÇKA yönteminin nasıl kullanıldığı ise Bölüm 3.4.1' de değinilmiştir.

Sınıfları etiketlendirme işlemi için çalışma kapsamında oluşturulan ağ modelinin girişinde özdüzenlemeli ağ ile elde edilen ağırlık vektörü kullanılır. Deprem habercisi olan değişimleri temsil eden ve etmeyen kafesteki hücrelerin ağırlıkları iki ayrı sınıfı oluşturur. ÇKA için gerekli olan hedef vektörü ise deprem habercisi olan değişimleri içeren ve içermeyen kafesteki hücrelerin koordinatları dikkate alınarak oluşturulur.

ÇKA' nın giriş örüntülerinin oluşturulmasında, Şekil 3.29'da görülen nöronların örüntülere göre dağılımı ölçüt olarak alınmıştır. Bu nedenle kümeleme işlemi, Şekil 3.30' da gösterildiği biçimde iki farklı türden kodlanmıştır. Kodların dağılımında Şekil 3.29'da görülen nöronların dağılımları temel olarak alınmıştır. Ayrıca kümelerin kodlanmasında Hamming uzaklığının 1 yerine 2 alınması, daha iyi sonuçların üretilmesine olanak sağlamıştır.

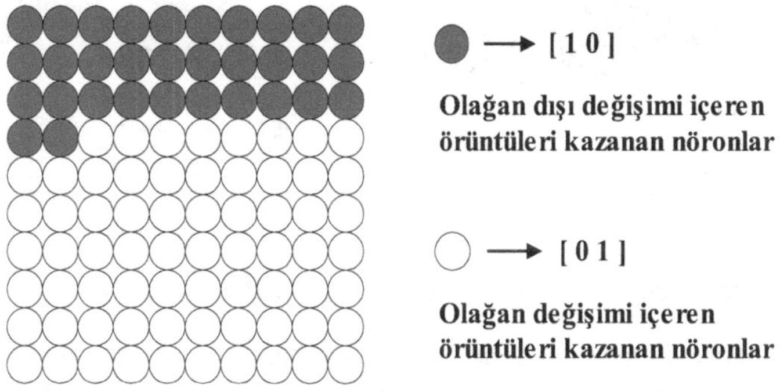

Şekil 3.30 *Oluşan sınıfların kodlanması*

(10x10) kafes yapısında toplam 100 nöron vardır ve bu nedenle eğitim kümesi 100 örüntüden oluşur. Şekil 3.29' da görüldüğü üzere, toplam 100 örüntüden 32 örüntü [1 0] sınıfına, 68 örüntü ise [0 1] sınıfına dahildir. Ancak ağda yakınsama sorunu oluşturmamak amacıyla, 1 değeri yerine 0.99 ve 0 değeri yerine 0.01 değeri kullanılmştır.

Deneme kümesi için [1 0] sınıfından 8 tane, [0 1] sınıfından ise 16 tane hücre ayrılmıştır. Deneme işlemi için ayrılan bu hücreler Şekil 3.31' de gösterilmiştir. Böylelikle eğitim işlemi için 76, deneme işlemi için ise 24 örüntü ayrılmıştır.

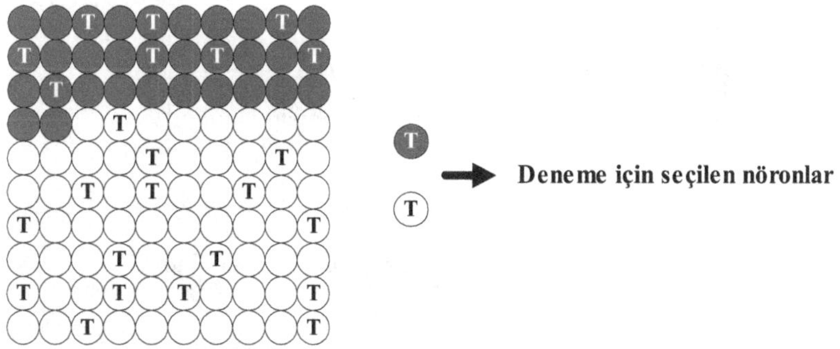

Şekil 3.31 *Deneme kümesi için seçilen hücrelerin konumları*

Sınıfların kodlanması ile ağın eğitiminde kullanılacak hedef küme bu yöntemle oluşturulmuştur. Bu çalışmada, çok katmanlı algılayıcı için (25-40-5-2) şeklinde bir model gerçeklenmiştir (Şekil 3.32).

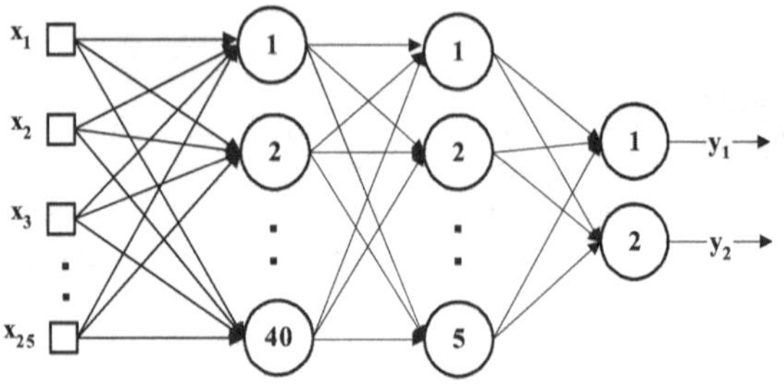

Şekil 3.32 *Sınıfların etiketlendirilmesinde gerçeklenen ÇKA modeli*

Örüntülerin öğrenme işlemi sonucunda, elde edilen başarım değişimi Şekil 3.33'te gösterilmiştir. Eğitim için birinci gizli katmanın öğrenme katsayısı için 0.6, ikinci gizli katmanın öğrenme katsayısı için 0.4, çıkış katmanın öğrenme katsayısı için 0.2, momentum için 0.9 ve kabul edilebilir ortalama hata için 0,03 alınmıştır. Her 50 adımda öğrenme katsayıları 0.01 ($\eta \leftarrow 0.99\eta$) oranında lineer azaltılarak, öğrenme işleminin devamı sağlanmıştır. Tüm katmanlarda aktivasyon fonksiyonu olarak sigmoid kullanılmıştır. Eğitme işlemi 870 adımda gerçekleşmiş olup eğitme süresi yaklaşık 15 dakika sürmüştür.

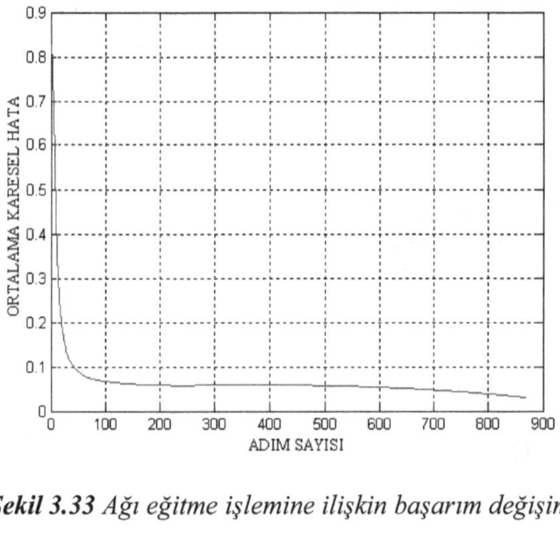

Şekil 3.33 *Ağı eğitme işlemine ilişkin başarım değişimi*

Ağın eğitiminden sonra yapılan deneme işleminin sonucu Tablo 3.5'te listelenmiştir. Tablo 3.5'te görülen değerler için sınıflama ölçütü olarak 0.8' den büyük değerlerin "1" ve 0.2' den küçük olan değerlerin "0" alınması durumunda, deneme başarı oranının %100 olduğu saptanmıştır.

Tablo 3.5. *Etiketleme İşleminde Kullanılan ÇKA Yönteminin Deneme Sonucu*

Elde Edilen Sonuç		İstenilen Sonuç	
0.9866	0.0160	0.9900	0.0100
0.0021	0.9981	0.0100	0.9900
0.0021	0.9981	0.0100	0.9900
0.0021	0.9981	0.0100	0.9900
0.9857	0.0164	0.9900	0.0100
0.9858	0.0163	0.9900	0.0100
0.0022	0.9980	0.0100	0.9900
0.0021	0.9981	0.0100	0.9900
0.1773	0.8268	0.0100	0.9900
0.0021	0.9981	0.0100	0.9900
0.0021	0.9981	0.0100	0.9900
0.9833	0.0182	0.9900	0.0100
0.9788	0.0223	0.9900	0.0100
0.0035	0.9970	0.0100	0.9900
0.0023	0.9979	0.0100	0.9900
0.0022	0.9981	0.0100	0.9900
0.9810	0.0206	0.9900	0.0100
0.0022	0.9980	0.0100	0.9900
0.0023	0.9980	0.0100	0.9900
0.9871	0.0161	0.9900	0.0100
0.0025	0.9978	0.0100	0.9900
0.9869	0.0161	0.9900	0.0100
0.0022	0.9980	0.0100	0.9900
0.0022	0.9980	0.0100	0.9900

Tablo 3.5'te görüldüğü üzere. elde edilen sonuçlar istenilen değerlere çok yakın olması. sınıfların etiketlendirme işleminin doğru yapıldığı sonucunu doğurur. Çalışma kapsamında yapılan diğer bir uygulamada, kabul edilebilir hatanın $e = 0.1$ olarak alınması durumunda ise etiketleme başarı oranının %95 civarında seyrettiği ve yaklaşık eğitme süresinin 3 dakika sürdüğü gözlenmiştir. Bu durum. kabul edilebilir hatanın daha büyük seçimesi durumunda eğitme işleminin daha kısa sürdüğü ancak başarı oranını düşürdüğünü göstermiştir.

3.4.3.2. Oluşan Sınıfların LVQ ile Etiketlendirilmesi

Bir önceki bölümde. özdüzenlemeli ağların eğitimiyle oluşan sınıfların etiketlendirilmesi işlemi için ÇKA yönteminin nasıl kullanıldığı bir uygulama üzerinde anlatılmıştır. Bu bölümde ise yine aynı özdüzenlemeli ağın eğitimiyle oluşan sınıfların vektör kuantalamayı öğrenme (LVQ) yöntemiyle nasıl etiketlendirileceği anlatılmıştır. Ancak LVQ yöntemini çalışmamızın anlaşılırlılığını artırmak ve bu yöntemin çalışmamız içinde nasıl kullanıldığını açıklamak için kısaca bu bölümde değinilmiştir.

Vektör kuantalamayı öğrenme. Kohonen tarafından önerilmiş tek katmanlı öğreticili öğrenen bir YSA' dır [48]. Amaç. örnek uzaydaki kuantalama hatasını en aza indirgemektir. Genelde vektör kuantalama. özdüzenleme özellik haritalama ağının öğrenme sürecinde ince ayar olarak kullanılır.

Eğer özdüzenlemeli ağ yapılarında. işlem elemanlarının veya yanıtlarının her biri ayrık örüntü sınıflarına karşı düşen alt kümeler şeklinde sınıflandırılacaksa. o zaman problem bir karar verme işlemine dönüşür. Eğer örüntü uzayı sonlu sayıda sınıflara bölünecekse. sınıflar arası sınırlarda verilecek kararlar önem taşır. Amaç sınıfların karar bölgelerini temsil edecek en iyi referans vektörlerini saptamaktır. Böylece uzayın kuantalama hatası en küçüklenebilir.

Vektör kuantalama. veri sıkıştırma amacıyla giriş vektörüne ilişkin temel yapının kayıplı bir şekilde elde edilmesi tekniğidir [49]. Özellikle bir giriş uzayının çeşitli sayıda ayrık bölgelere ayrılıp. her bölgenin yeni bir vektör olarak tanımlanması işlemidir. En küçük kayıpla elde edilen vektör kuantalamaya *Voronoi* adı verilir. İşlem esnasında oluşan yeni bölge vektör tanımlamaları. *Voronoi vektörleri* olarak adlandırılır. Bu vektörlerin komşu hücreleri arasındaki Euclidean uzaklık değerleri temel olarak alınır [49]. Şekil 3.34'te giriş uzayının dört *Voronoi* hücresine bölündüğü gösterilmiştir [32].

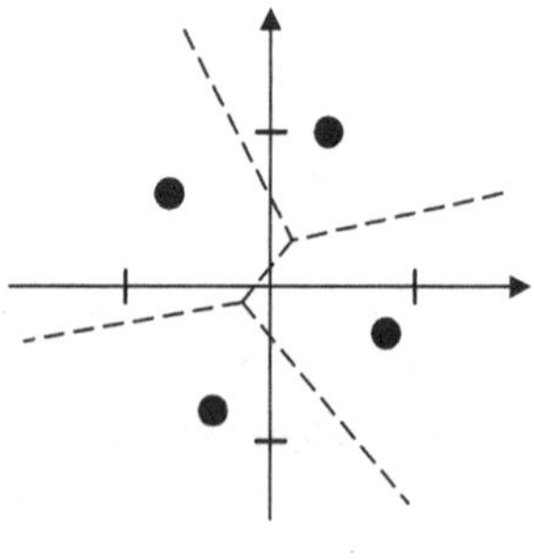

Şekil 3.34 *Dört hücre içeren Voronoi şeması*

Öndüzenlemeli YSA algoritması öğreticisiz öğrenme ile yaklaşık *Voronoi* vektörlerinin oluşumunu sağlar. Her oluşan vektör bir *Voronoi* hücresini temsil eder. Oluşan *Voronoi* hücresi ise giriş uzayının bir özelliğini niteler. Bu durumda. örüntü sınıflama için özellik haritasının oluşturulması uyarlamalı olarak iki aşamada gerçekleşir. İlgili aşamalar Şekil 3.35'de gösterilmiştir.

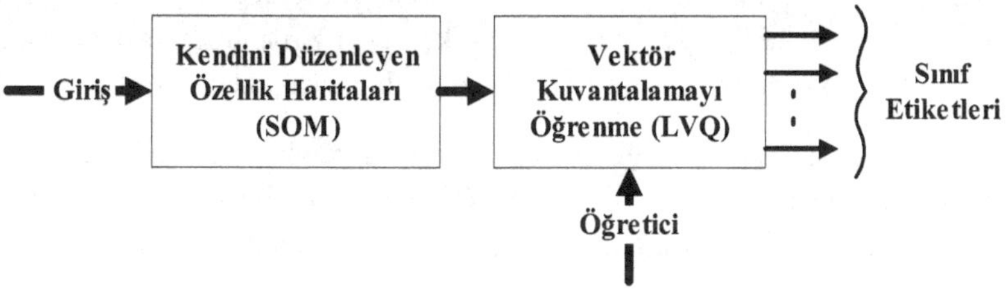

Şekil 3.35 *SOM ve LVQ ile uyarlamalı örüntü sınıflama*

Şekil 3.35'de görüldüğü üzere. birinci aşamada verilerin eğitilmek üzere yönlendirildiği özdüzenlemeli özellik haritalama ağının bulunduğu aşamadır. İkinci aşama ise ağın oluşturduğu sınıfların giriş olarak kullanıldığı vektör kuantalamayı öğrenme mekanizmasıdır.

Vektör kuantalamayı öğrenmede karar verme mekanizması. örnek giriş uzayına ilişkin sınıflama bilgilerinin *Voronoi* vektörlerine göre kıyaslanmasına dayanır. Giriş kümesinden rastgele bir x vektörü seçilir. Seçilen vektörün sınıf etiketi ile bir w *Voronoi* vektörünün aynı sınıf etiketine sahip olması durumunda. w *Voronoi* vektörü x giriş vektörüne doğru yönlendirilir. Farklı sınıf etiketlerine sahip olmaları durumunda ise. w *Voronoi* vektörü x vektöründen uzaklaştırılır. $\{w_j\}_{j=1}^{l}$ terimi *Voronoi* vektör kümesini. $\{x_i\}_{i=1}^{N}$ terimi giriş vektör kümesini simgelemesi durumunda. vektör kuantalamayı öğrenme algoritmasında izlenecek adımlar aşağıda açıklanmıştır:

1. w_c *Voronoi* vektörünü. C_{w_c} *Voronoi* vektörünün sınıf etiketini ve C_{x_i} ise x_i giriş vektörünün sınıf etiketini simgeler. *Voronoi* vektörü aşağıda gösterilen koşullara göre güncellenir. Koşullar:

a) $C_{w_c} = C_{x_i}$ ise.

$$w_c(n+1) = w_c(n) + \alpha_n(x_i - w_c(n)). \quad 0 < \alpha_n < 1 \quad (3.60)$$

b) $C_{w_c} \neq C_{x_i}$ durumunda ise.

$$w_c(n+1) = w_c(n) - \alpha_n(x_i - w_c(n)) \quad (3.61)$$

2. Sadece işleme alınan *Voronoi* vektörü güncellenir. diğer vektörler üzerinde değişim yapılmaz.

Eğitme aşamasının her adımında α_n öğrenme katsayısının azaltılması istenen bir yaklaşımdır [32]. Örneğin. öğrenme katsayısının başlangıç değeri için α_n =0.1 veya daha küçük değer alınabilir. Ayrıca öğrenme katsayısı n ile lineer azalan biçimde ayarlanabilir. Bu yaklaşımla eğitim sürecinin tamamlanması hızlanmış olur.

Yukarıda vektör kuantalamayı öğrenmenin temel kavramları tanıtılmıştır. Çalışma kapsamında gerçeklenen uygulamada, LVQ yönteminin nasıl kullanıldığı ve etiketleme işleminin nasıl gerçeklendiği aşağıda ayrıntısıyla anlatılmıştır.

Sınıfların etiketlendirme işlemi için çalışma kapsamında oluşturulan ağ modelinin girişinde, Bölüm 3.4.3.1'de olduğu gibi özdüzenlemeli ağ ile elde edilen ağırlık vektörü kullanılmıştır. Bir önceki çalışmada kullanılan eğitim ve deneme örüntü kümeleri, LVQ ile etiketleme işlemi için de kullanılmıştır. Eğitim ve deneme kümelerine ilişkin örüntülerin kafesteki konumları Şekil 3.30 ve 3.31'de gösterilmiştir. Oluşan sınıfların ÇKA ve LVQ yöntemleriyle etiketleme işleminde aynı eğitim ve deneme kümelerinin kullanılmasındaki amaç, aynı şartlarda her iki yöntemin başarımlarını saptamaktır.

Eğitme aşamasında işlemi durdurma ölçütü olarak. tüm örüntülerin eğitiminden sonra toplanmış ağırlıkların ortalamalarına bakılabilirken, aynı zamanda ağırlık artışının yok denecek kadar az olması da dikkate alınabilir. Gerçeklenen uygulamada durdurma ölçütü olarak. kabul edilebilir ortalama hata (e = 0.01) değeri dikkate alınmıştır.

Her adımdan sonra öğrenme katsayısının lineer olarak azaltılması, ortalama hata değerinin istenildiği şekilde düşmesine olanak sağlar. Bu çalışmada öğrenme katsayısı başlangıçta $\eta = 0.1$ olarak alınmış. her adımda katsayının azalma oranı 0.01 ($\eta \leftarrow 0.99\eta$) olarak belirlenmiştir. Eğitim süresi 198 adımda tamamlanmış olması nedeniyle öğrenme katsayısı son adımda η = 0.0135333 değerine düştüğü saptanmıştır. İşlem süresi ise yaklaşık 2 dakika sürmüştür. Örüntülerin öğrenme işlemi sonucunda. elde edilen başarım değişimi Şekil 3.36'da gösterilmiştir.

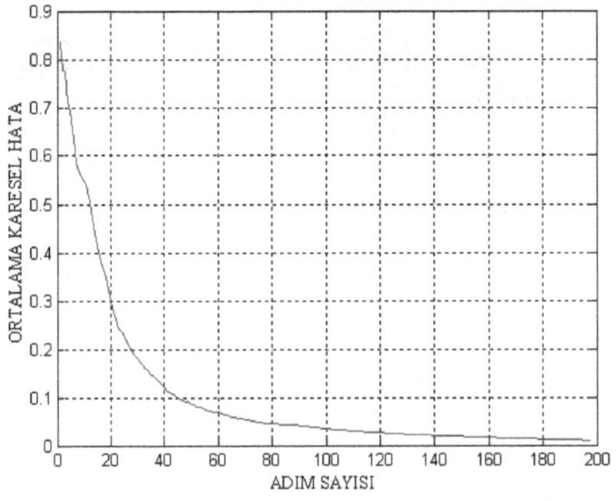

Şekil 3.36 *LVQ ile Etiketlemede başarım değişimi*

Ağın eğitiminden sonra yapılan deneme işleminin sonucu Tablo 3.6'da listelenmiştir. Tablo 3.6' da görülen **(1)** etiketli örüntü. ağ tarafından yanlış sınıflandırılmış tek örüntüdür. Ayrıca tabloda görülen değerler için sınıflama ölçütü olarak 0.8' den büyük değerlerin "1". 0.2' den küçük olan değerlerin "0" alınması durumunda. deneme başarı oranının % 95.8333 olduğu saptanmıştır.

Tablo 3.6. Etiketleme İşleminde Kullanılan LVQ Yönteminin Deneme Sonucu

	Elde Edilen Sonuç		İstenilen Sonuç	
	0.9900	0.0100	0.9900	0.0100
	0.0100	0.9900	0.0100	0.9900
	0.0100	0.9900	0.0100	0.9900
	0.0100	0.9900	0.0100	0.9900
	0.9900	0.0100	0.9900	0.0100
	0.9900	0.0100	0.9900	0.0100
	0.0100	0.9900	0.0100	0.9900
	0.0100	0.9900	0.0100	0.9900
(1)	**0.9900**	**0.0100**	**0.0100**	**0.9900**
	0.0100	0.9900	0.0100	0.9900
	0.0100	0.9900	0.0100	0.9900
	0.9900	0.0100	0.9900	0.0100
	0.9900	0.0100	0.9900	0.0100
	0.0100	0.9900	0.0100	0.9900
	0.0100	0.9900	0.0100	0.9900
	0.0100	0.9900	0.0100	0.9900
	0.9900	0.0100	0.9900	0.0100
	0.0100	0.9900	0.0100	0.9900
	0.0100	0.9900	0.0100	0.9900
	0.9900	0.0100	0.9900	0.0100
	0.0100	0.9900	0.0100	0.9900
	0.9900	0.0100	0.9900	0.0100
	0.0100	0.9900	0.0100	0.9900
	0.0100	0.9900	0.0100	0.9900

Tablo 3.6'da görülen yanlış sınıflandırılmış nöronun kafesteki konumu Şekil 3.37'de gösterilmiştir. Eğitme aşamasında öğrenme katsayısının $\eta = 0.2$ değerinin üzerinde alınması durumunda deneme başarı oranının düştüğü saptanmıştır.

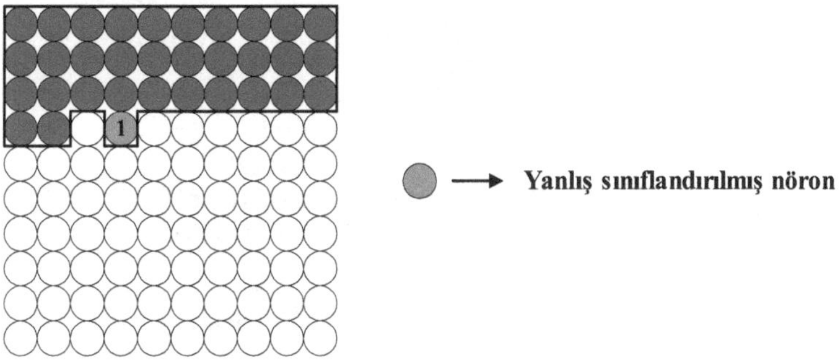

Şekil 3.37 Yanlış sınıflandırılan deneme örüntüsünün kafesteki konumu

Son iki bölümde. özdüzenlemeli ağın oluşturduğu sınıfların etiketlenmesi ÇKA ve LVQ ile gerçeklendiği ayrıntılı bir şekilde anlatılmıştır. Her iki çalışmanın sonuçları dikkate alınarak yöntemlerin başarımları hakkında kısaca şunlar söylenebilir: Etiketleme işlemleri için öğreticili vektör kuantalamanın çok katmanlı algılayıcıya göre daha kısa sürede ve daha iyi çözümler ürettiği bilinmektedir. Fakat bu çalışmada gerçeklenen etiketleme işlemleri sonucunda, çok katmanlı algılayıcının vektör kuvantalamaya göre daha iyi çözümler ürettiği saptanmıştır. Bu farklılık ise doğrudan işlenen eğitim verilerinin bulunduğu uzayda yayılımına bağlıdır. Eğitim aşamasında gözlenen diğer bir nokta; vektör kuantalama kısa süre içinde %95 başarı oranına ulaşırken, çok katmanlı algılayıcıda ise bu başarı oranına çok daha uzun bir zaman sürecinde ulaşabilmesidir.

3.4.4. Dalgacık-ÇKA Yöntemi ile Deprem Habercisi Olan Örüntünün Saptanması

Bir önceki bölümde, özdüzenlemeli ağın oluşturduğu sınıfların ÇKA ve LVQ yöntemleri ile nasıl etiketlendirildiği anlatılmıştır. Bu bölümde ise dalgacık (wavelet) ve ÇKA yöntemleri ile deprem habercisi olan örüntünün nasıl saptanabileceği ayrıntılı bir şekilde anlatılmıştır. Sismik anomaliye ilişkin özniteliklerin (feature extraction) SOM ile çıkarılması zaman açısından oldukça maliyetli (ortalama yaklaşık 5 gün) olduğu gözlenmiştir. Bu bölümde anlatılan yöntem ile daha az maliyetle aynı özniteliğin elde edilebilmesi amaçlanmıştır. Bu bölümde izlenilen işlem akışı Şekil 3.38'de gösterilmiştir.

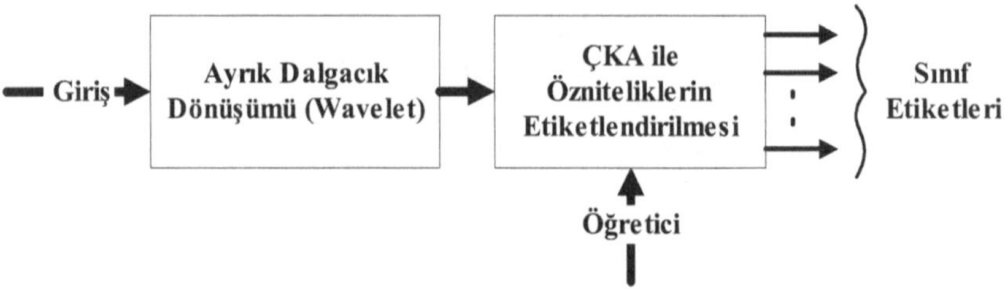

Şekil 3.38 *Deprem haberci örüntüsünün saptanmasında izlenilen işlem akışı*

Şekil 3.38'den anlaşılacağı üzere. işlem iki aşamadan oluşmaktadır. Birinci aşamasında dalgacık yöntemi ile deprem habercisi olan örüntünün öznitelikleri hesaplanırır. İkinci aşamada ise ÇKA yöntemiyle birinci aşamada elde edilen özniteliklerin etiketlenmesi gerçeklenir.

Dalgacık yöntemini çalışmamızın anlaşılırlılığını artırmak ve bu yöntemin çalışmamız içinde nasıl kullanıldığını açıklamak için kısaca bu bölümde değinilmiştir.

TEA ölçüm duyargasından alınan işaretler durağan olmayan işaretlerdir. Yani. bu işaretler Fourier dönüşümü gibi klasik yöntemlerle analiz edilemez. Kısa zaman Fourier dönüşümü. durağan olmayan işaretlerde durağanlık koşulunu sağlar ancak işaret için uygun segment uzunluğunun seçilmesi başarımı oldukça etkiler. Dalgacık dönüşümü. bu sorunun üstesinden gelmek için bir öznitelik çıkartma yöntemi olarak kullanılır [50].

Dalgacık dönüşümü. işaretleri analiz etmek için kullanılan yöntemlerden birisidir. Kısa Zamanlı Fourier Dönüşümünün (KZFD) frekans ve zaman çözünürlük sorununun üstesinden gelmek için alternatif bir teknik olarak geliştirilmiştir. Diğer bir deyişle. KZFD'nin tüm frekanslardaki uniform zaman çözünürlüğüne karşılık. Ayrık Dalgacık Dönüşümü (ADD) aşağıdaki koşulları sağlar:

a) Yüksek frekanslarda. yüksek zaman çözünürlüğü ve düşük frekans çözünürlüğü.
b) Düşük frekanslarda. yüksek frekans çözünürlüğü ve düşük zaman çözünürlüğü.

ADD. Dalgacık dönüşümünün özel bir durumudur ve işaretin zaman ve frekans uzayında verimli olarak işlenmesine olanak sağlar.

ADD yöntemi aşağıdaki bağıntıyla ifade edilir:

$$W(j,k)=\sum_j \sum_k x(k)2^{-j/2}\psi(2^{-j}n-k) \qquad (3.62)$$

Burada $x(n)$ işaret ve $\psi(t)$ ise ana dalgacıktır. ADD analizi. çok frekanslı süzgeç bankalarıyla ilişkili hızlı. piramidal algoritmalar kullanılarak yapılabilir [51. 52].

ADD yöntemi. işareti kaba bir yaklaşıklık (approximate) ve ayrıntı (detail) katsayılarına ayrıştırarak. işareti farklı frekans bantlarında farklı çözünürlüklerde analiz eder.

İşareti farklı frekans bantlarına ayrıştırmak. zaman uzayındaki işareti ardarda yüksek ve alçak geçiren süzgeçlerden geçirmekle sağlanır. Bu bir seviyeli bir ayrıştırma işlemidir ve matematiksel olarak şöyle ifade edilebilir:

$$y_{yüksek}[k]=\sum_n x[n]g[2k-n] \qquad (3.63a)$$

$$y_{alçak}[k]=\sum_n x[n]h[2k-n] \qquad (3.63b)$$

Bağıntılarda belirtilen $y_{yüksek}$ ve $y_{alçak}$ terimleri. 2 ile alt-örneklemenin ardından sırasıyla yüksek geçiren (g) ve alçak geçiren (h) süzgeç çıkışlarıdır.

Bir seviyeli ayrıştırma işlemi sonrasında. tüm işaret yarı sayıda örnek ile temsil edildiğinden zamanda çözünürlük de yarıya iner. Ancak elde edilen işaretin kapsadığı frekans bandı bir üst seviyedeki işaretin frekans bandının yarısı olması nedeniyle. frekansta çözünürlük artar. Böylece frekanstaki belirsizlik yarı yarıya azalmış olur. Yüksek frekanslarda iyi zaman çözünürlüğü. alçak frekanslarda ise iyi bir frekans çözünürlüğü elde edilir. Alt bant kodlama olarak da bilinen bu işlemler. istenildiğinde işarete ardarda uygulanabilir.

Yukarıda anlatılan dalgacık yönteminin farklı türleri vardır. Bu çalışmada deprem habercisi olan tipik örüntünün öznitelikleri için Daubechies 1-2-3-4-5, Symlet 2-3-4-5, Haar, Coiflet 1-2 ve Bior 1.1-1.3-1.5-2.2-3.1 dalgacık türleri kullanılmıştır. MATLAB ile elde edilen dalgacık dönüşüm katsayılarının içerisinden Symlet 5'in diğer türlere göre olağan dışı değişimi daha rahat ayrıştırdığı saptanmıştır. Bunun nedeni. Symlet 5'in dalga tipi olağan dışı değişime en fazla benzeyen dalga tipi olmasıdır. Şekil 3.39'da Symlet 5 dalgacık türü kullanılarak olağan dışı değişim içeren örüntülerden bir kaçının 5. derece ayrıntı katsayılarının değişimleri gösterilmiştir.

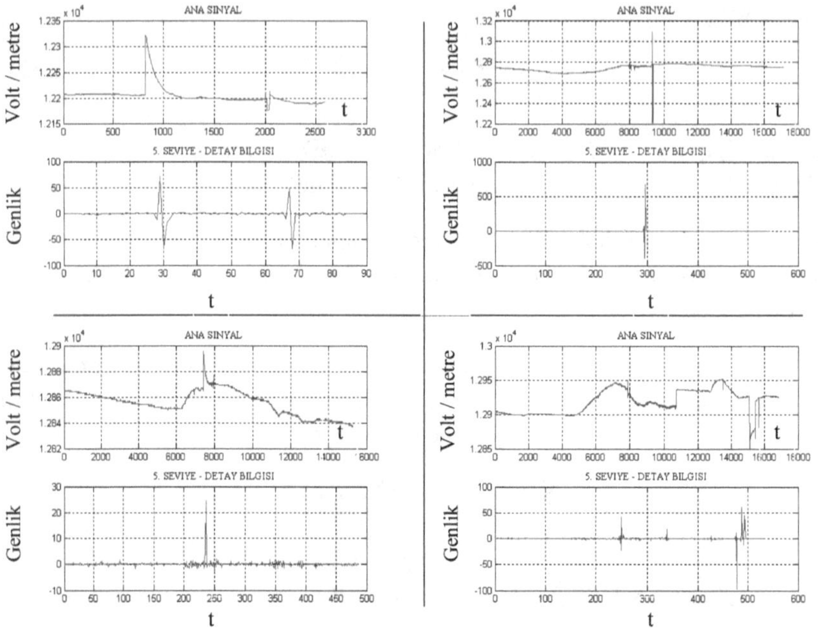

Şekil 3.39 *Deprem habercisi olan örüntülerinin 5. derece ayrıntı katsayıları*

Şekilde dört farklı istasyon kaydının değişimleri ve her değişimin 5. derece ayrıntı katsayıları gösterilmiştir. Şekil 3.39' dan anlaşılacağı üzere. deprem habercisi olan ani değişimler 5. derece katsayılarınca saptandığı açıktır.

Deprem habercisi olan örüntünün 5. derece ayrıntı katsayıları. aşağıda anlatılan çalışmamızda eğitim ve deneme kümeleri olarak kullanılmıştır. ÇKA yöntemi kullanılarak bu dalgacık katsayıları etiketlendirilmiştir. Çalışmanın ayrıntıları aşağıda anlatılmıştır.

Yapılan bu çalışmada, çok katmanlı algılayıcı için (25-35-5-2) şeklinde bir model gerçeklenmiştir (Şekil 3.40). Öğrenme başarımının ölçütü olarak her adımda yapılan çapraz değerlendirme (cross-validation) hesabı dikkate alınmıştır. Bu nedenle eğitim ve deneme kümeleriyle beraber ek bir küme daha oluşturulur. Eğitme aşamasının her adımında bu ek küme üzerinde çapraz değerlendirme yapılarak eğitimin sonlandırılıp sonlandırılmayacağına karar verilir. Örüntülerin tamamı Şekil 3.39'da gösterilen 5. derece katsayılarından oluşmuş örneklerdir.

Örüntüler işlem öncesi iki ön incelemeden geçirilmiştir. Birinci aşamada. örüntüler yüksek frekanslı bileşenler içermesinden ve bu yüksek frekanslı bileşenlerin olağan dışı değişimin saptanması sırasında bir yarar sağlamamasından dolayı, veriler filtre edilmiştir. Bu işlem, verilerin belirli bir eşik seviyesinden aşağı olan değerleri 1'e eşitlenmektedir. İkinci aşamada ise doğrusal ölçekleme yapılarak veriler [0.1 0.9] aralığında normalize edilmiştir. Toplam 350 örüntüden rastgele 120 tanesi seçilerek eğitim kümesi, yine rastgele 120 tanesi seçilerek çapraz değerlendirme (cross-validation) kümesi ve son olarak rastgele 120 tanesi seçilerek deneme kümesi oluşturulmuştur.

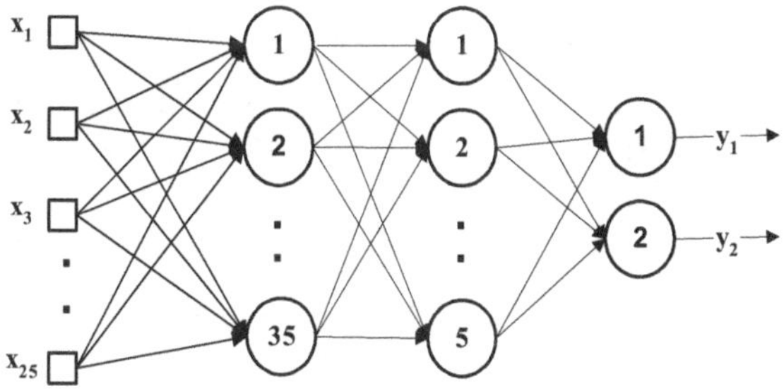

Şekil 3.40 *Öznitelik katsayılarının etiketlenmesinde kullanılan YSA modeli*

Eğitim için gerekli olan hedeflenen kümeler iki sınıf içermektedir. Olağan dışı değişim içeren örüntülerden kaynaklanan dalgacık katsayı kümesi ile olağan değişim içeren örüntülerden kaynaklanan dalgacık katsayı kümesi farklı iki sınıf oluşturur. Bu sınıfların kodlanması şöyle gerçeklenmiştir: Olağan dışı değişim içeren katsayı kümesi için [1 0]. olağan değişim içeren katsayı kümesi için ise [0 1] kodu kullanılmıştır. Şekil 3.41'de örüntülerin kodlanmalarına ilişkin örnek değişimler gösterilmiştir.

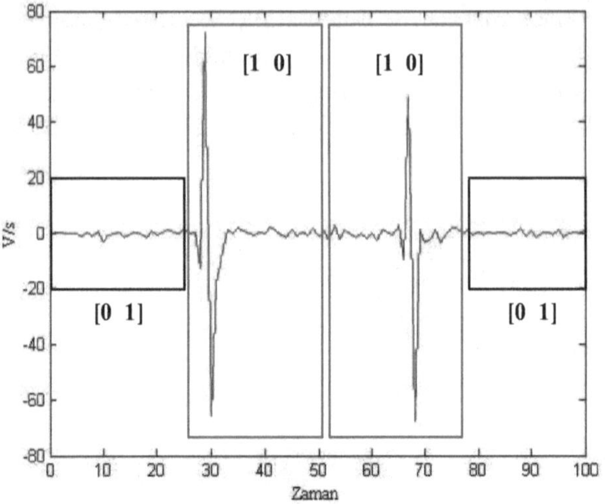

[1 0] Olağan dışı değişimi içeren örüntü
[0 1] Olağan değişimi içeren örüntü

Şekil 3.41 *Dalgacık katsayılarının eşik seviyelerine göre kodlanması*

Örüntülerin ağa eğitilmesi sonucunda. elde edilen başarım değişimi Şekil 3.41'de gösterilmiştir. Eğitim için birinci gizli katmanın öğrenme katsayısı için 0.7. ikinci gizli katmanın öğrenme katsayısı için 0.5. çıkış katmanın öğrenme katsayısı için 0.3 alınmıştır. Öğrenmede sürekliliğin devamı için her adımda öğrenme katsayıları 0.01 ($\eta \leftarrow 0.99\eta$) oranında azaltılmıştır. Momentum $\sigma = 0.9$ olarak alınmış ve katmanlarda aktivasyon fonksiyonu olarak sigmoid kullanılmıştır. Eğitme işlemi 4991 adımda tamamlanmış ve eğitme süresi yaklaşık 2 saat sürmüştür.

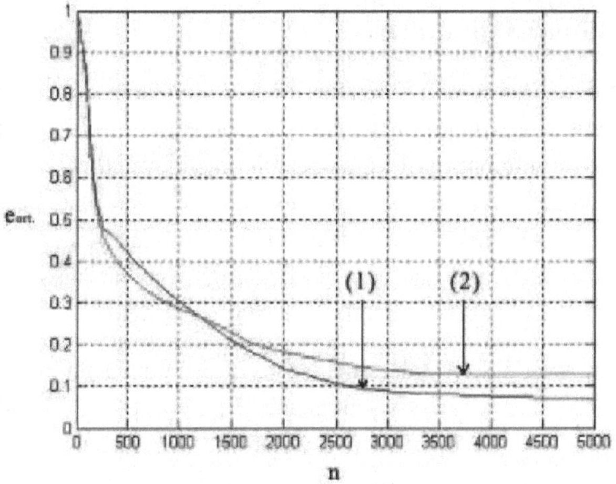

***Şekil 3.42** Ağın eğitiminde saptanan başarım değişimi*

Eğitme işlemi. çapraz değerlendirme (cross-validation) verilerine ait ortalama hata değerinin. bir önceki adımdan hesaplanan hata değerinden büyük olması durumunda sonlanır. Şekil 3.42' de çapraz değerlendirmeye ilişkin ortalama hata değişimi (2) nolu ok ile ve eğitim verilerine ilişkin ortalama hata değişimi ise (1) nolu ok ile gösterilmiştir. Ağın eğitiminden sonra yapılan deneme işlemi sonucu Ek-D' de listelenmiştir. Ancak elde edilen sonuçların tipik örnekleri Tablo 3.7'de gösterilmiştir.

***Tablo 3.7.** Dalgacık katsayılarının etiketleme sonuçlarından ilk 10 tanesi*

Elde Edilen Sonuç		İstenilen Sonuç	
0.0530	0.9471	0.0100	0.9900
0.9929	0.0071	0.9900	0.0100
0.0530	0.9471	0.0100	0.9900
0.9998	0.0002	0.9900	0.0100
0.9998	0.0003	0.9900	0.0100
0.9998	0.0002	0.9900	0.0100
0.0530	0.9471	0.0100	0.9900
0.0530	0.9471	0.0100	0.9900
0.9997	0.0003	0.9900	0.0100
0.9998	0.0002	0.9900	0.0100

Ek-D ve Tablo 3.7'de görüldüğü üzere. istenilen değerlerin elde edilen değerlere çok yakın olması. her örüntünün istenildiği şekilde (%100) etiketlendiği sonucunu doğurur.

3.4.5. En Küçük Kareler Yöntemi ile Deprem Haberci Örüntüsünün Saptanması

Bir önceki bölümde dalgacık ve ÇKA yöntemleri kullanılarak deprem habercisi olan örüntünün nasıl saptandığı anlatılmıştır. Bu bölümde ise YSA kullanılmadan deprem habercisi olan tipik örüntünün nasıl saptanacağına değinilmiştir. Bu işlem En Küçük Kareler (EKK) yöntemi kullanılarak gerçeklenmiştir. Şu ana kadar çalışmada gerçeklenen uygulamalar yapay zeka yöntemleri kullanılarak gerçeklenmiştir. Ancak eski klasik yöntemlerden olan EKK yöntemi ile hangi seviyede başarılı olunabileceği incelenmiştir. Söz konusu yapılan çalışmanın ayrıntıları aşağıda anlatılmıştır.

Bu bölümde yapay sinir ağları kullanılmadan tipik örüntünün saptanması için farklı bir uygulama gerçeklenmiştir. Bu uygulamada EKK yöntemi kullanılarak deprem habercisi olan tipik örüntünün modeli kabaca oluşturulmuştur. Özellikle aranan modelin genliği değişken olması nedeniyle. modelin bire bir benzemesine gerek duyulmamıştır. EKK yöntemini çalışmamızın anlaşılırlılığını artırmak ve bu yöntemin çalışmamız içinde nasıl kullanıldığını açıklamak için kısaca bu bölümde değinilecektir.

EKK yöntemi. *m*. dereceden modele ilişkin *m+1* adet bilinmeyen katsayısının en uygun olası değerlerinin hesaplanmasını sağlayan bir yöntemdir. Lineer olmayan bir modelin genel ifadesi

$$y = a + bx + cx^2 + dx^3 + \ldots \qquad (3.64)$$

şeklinde yazılabilir [53]. İyi bir modelin kurulabilmesi için örüntüleri oluşturan bilinen veri sayısının (N). modele ilişkin bilinmeyenlerin ($m+1$) sayısından büyük olması gerekir ($N > m+1$). Bilinmeyen katsayıların hesaplanması. modele ilişkin toplam karesel hatanın en küçüklenmesiyle sağlanır. Genel olarak hata terimi e_i .

$$e_i = y_i - \hat{y}_i = y_i - a - bx_i - cx_i^2 - \ldots \qquad (3.65)$$

şeklinde ifade edilir. Denklemde bulunan y_i terimi gerçek değerleri. $\hat{y}_i$ terimi ise öngörülen değerleri simgeler. Hata terimini en küçük yapan yöntem EKK yöntemi olup. bu yöntem katsayı değerlerinin hesaplanmasında kullanılmaktadır. Toplam hata.

$$E_t = \sum_{i=1}^{N} e_i^2 = \sum_{i=1}^{N} (y_i - a - bx_i - cx_i^2 - \cdots)^2 \qquad (3.66)$$

bağıntısıyla hesaplanır. Toplam hata değerinin minimum olması beklenir. Bunun için modeli oluşturan her katsayıya göre toplam hata ifadesinin birinci türevi alınır ve oluşan denklemler sıfıra eşitlenir. Denklem takımında bilinmeyen terimlerin eşitliğin sağ tarafına alınması durumunda. tüm denklem takımı basit bir matris formunda yazılabilir. Örnek olarak. aşağıda kuadratik (t = 2. $y = a + bx + cx^2$) bir modele ait basit matris formu gösterilmiştir.

$$\begin{bmatrix} N & \sum_{i=1}^{N} x_i & \sum_{i=1}^{N} x_i^2 \\ \sum_{i=1}^{N} x_i & \sum_{i=1}^{N} x_i^2 & \sum_{i=1}^{N} x_i^3 \\ \sum_{i=1}^{N} x_i^2 & \sum_{i=1}^{N} x_i^3 & \sum_{i=1}^{N} x_i^4 \end{bmatrix} \begin{bmatrix} a \\ b \\ c \end{bmatrix} = \begin{bmatrix} \sum_{i=1}^{N} y_i \\ \sum_{i=1}^{N} y_i x_i \\ \sum_{i=1}^{N} y_i x_i^2 \end{bmatrix} \qquad (3.67)$$

Oluşturulan matrisin çözümü ile $a.b.c$ katsayıları hesaplanır ve kuadratik bir yaklaşık model kurulmuş olur.

Yukarıda kısaca tanıtılan EKK yönteminin. tipik deprem haberci örüntüsünün modellenmesinde nasıl uygulandığı aşağıda anlatılmıştır.

Deprem haberci örüntüsünün modeli oluşturularak. günlük deprem kayıtlarının modelleri ile karşılaştırmak ve sonuçta aradığımız olağan dışı değişimi saptamak amacımızı teşkil eder. Bu çalışma kapsamında gerçeklenen uygulamanın işlem akışı iki aşamadan oluşmuştur. Birinci aşamada deprem habercisi olan örüntünün yaklaşık modeli oluşturulur (Şekil 3.43a). İkinci aşamada ise denenecek verilerin tekrarlı blokları oluşturulur ve arkasından her bloğun modeli kurularak. aranan model ile karşılaştırılması gerçeklenir (Şekil 3.43b). Karşılaştırma aşamasında bir hata değeri elde edilir. Bu hata değerinin belirli bir eşik seviyesinin altında olması durumunda. depreme ilişkin tipik örüntü saptanmış olur.

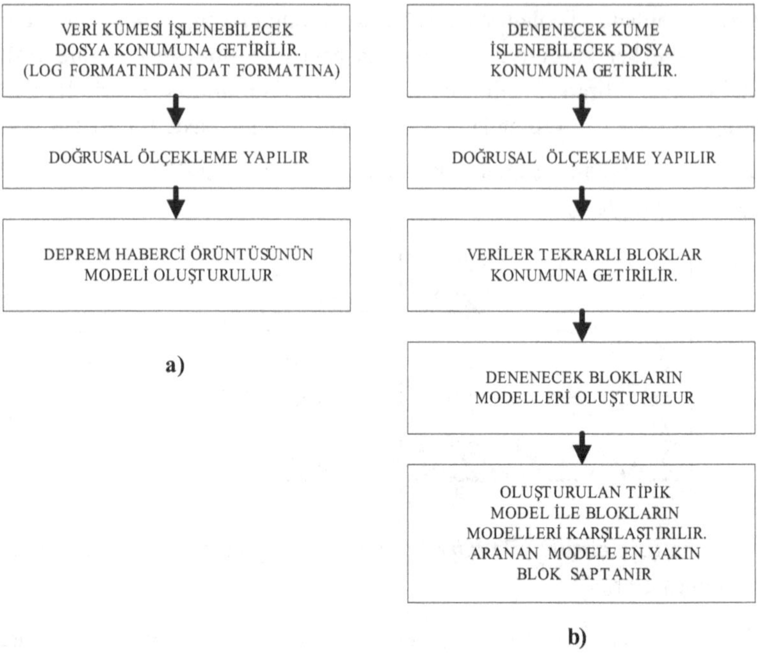

Şekil 3.43 a) *Tipik deprem örüntüsüne ilişkin modelin oluşumu*
b) *Deneme örüntülerine ilişkin modellerin oluşumu ve karşılaştırılması*

Deprem habercisi olan örüntüye ilişkin modelin içerdiği veri sayısı. denenecek veri bloğunun içerdiği veri sayısı ile aynı boyutlu olması gerekir. Bunun nedeni şöyle açıklanabilir: Temel olarak alınan tipik deprem örüntüsünün modeli oluşturulduğunda belli sayıda veri kullanılmıştır. Oluşturulan model ile sağlıklı bir karşılaştırma yapılabilmesi ancak aynı sayıda veri kullanılarak oluşturulan model ile gerçeklenebilir. Günlük kayıtların arasında herhangi bir tipik örüntünün kaçırılmaması için veri bloklarının tekrarı sağlanmıştır. Bu tekrarlı blokların oluşumu önceki bölümlerde yer alan Şekil 3.20' de gösterilmiştir.

Çalışma kapsamında gerçeklenen uygulamada, Pamukkale terminalinden 21 mart 2001 tarihinde alınan deprem kayıtları kullanılmıştır (Şekil 3.44).

Şekilde görülen örüntü için EKK yöntemi kullanılarak değişimin 5. dereceden yaklaşık modeli kurulmuştur. Oluşturulan model ve katsayılar.

$$y = p(1) + p(2)x + p(3)x^2 + p(4)x^3 + p(5)x^4 + p(6)x^5$$

p(1) =-0.16128707739097 *p(2)* =0.05359240128001

p(3) =-0.00104794905897 *p(4)* =0.00000823787118

p(5) =-0.00000002910195 *p(6)* =0.00000000003823

olarak saptanmıştır.

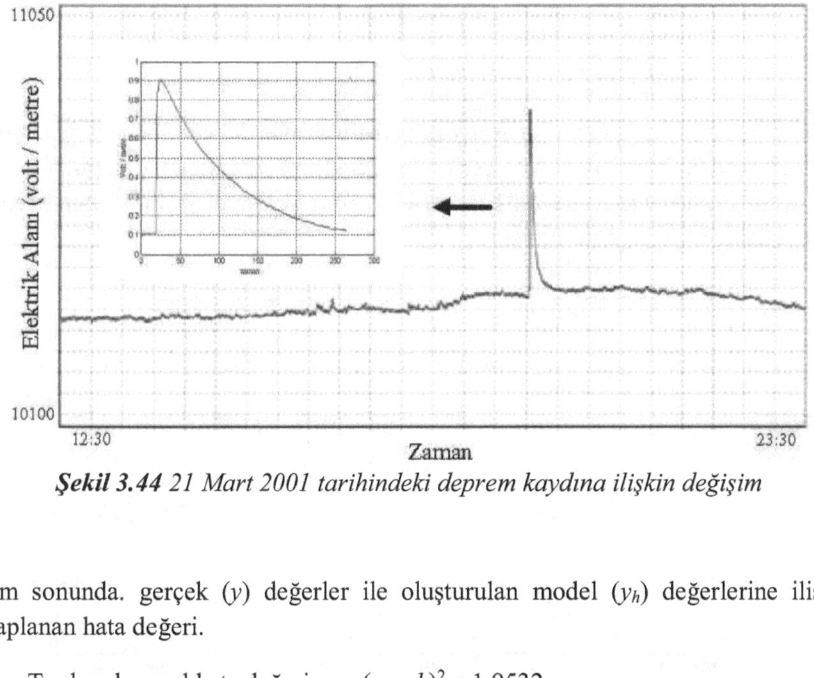

Şekil 3.44 *21 Mart 2001 tarihindeki deprem kaydına ilişkin değişim*

İşlem sonunda. gerçek (*y*) değerler ile oluşturulan model (y_h) değerlerine ilişkin hesaplanan hata değeri.

- Toplam karesel hata değeri. $(y - yh)^2 = 1.9532$
- Ortalama karesel hata değeri. $(y - yh)^2 / n = 0.00737$ (*n* : veri sayısı)

olarak saptanmıştır. 261 veriden oluşan yaklaşık modelin ve gerçek modelin değişimleri Şekil 3.45'de gösterilmiştir.

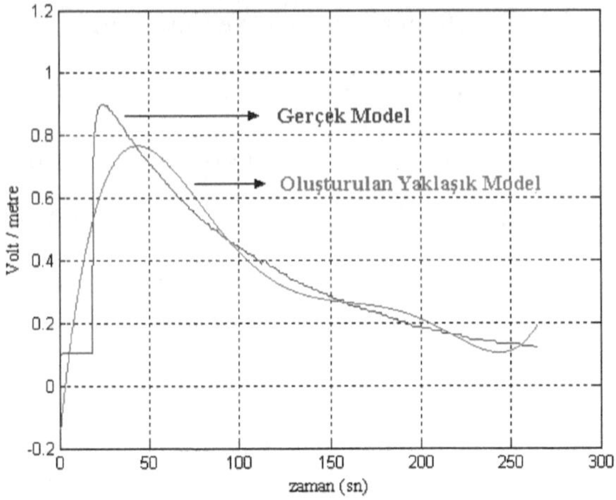

Şekil 3.45 *EKK yöntemiyle gerçeklenen yaklaşık model*

Model oluşturulduktan sonra bir istasyon verisi üzerinde denenir. Model denenirken özellikle seçilen istasyon kaydı içerisinde aradığımız değişimin olduğu bir kayıt seçilmiştir. Bu nedenle 23.03.2001 tarihli Ulus istasyon kaydı seçilmiş olup. içerdiği değişim Şekil 3.46'da gösterilmiştir.

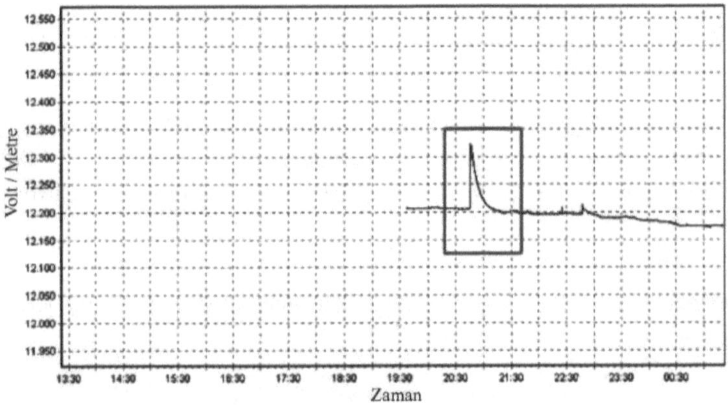

Şekil 3.46 *23 Mart 2001 tarihindeki Ulus istasyon kaydına ilişkin değişim*

Model ile karşılaştırılacak deneme verisi. öncelikle doğrusal ölçekleme ile normalize edilir. Ana model 261 veriden oluşması nedeniyle. tekrarlı blokların boyutu da 261 olacak şekilde gruplandırılmıştır (örn. 1. blok: [1-261] veri aralığı. 2. blok : [2-262] veri aralığı). Denemek için dikkate aldığımız kayıtta toplam 1297 veri olduğundan. her biri 261 veriden oluşan 1033 blok oluşturulmuştur. EKK yöntemi kullanılarak her bloğun değişim modeli (denklemi) oluşturulduğundan. toplam 1033 model kurulmuştur. Kurulan 1033 modelin her biri ile aranan tipik deprem modelinin farkı alınarak tüm blokların hata değerleri hesaplanmış olur. Denenen 1033 bloğun hata değeri ve en küçük hataya sahip olan bloğun değişimi Şekil 3.47' de gösterilmiştir.

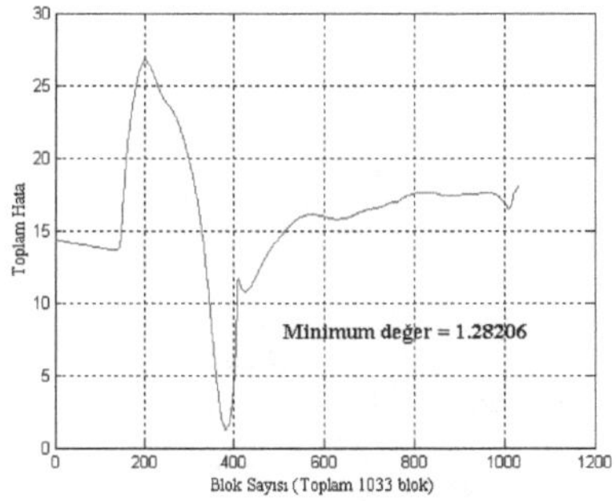

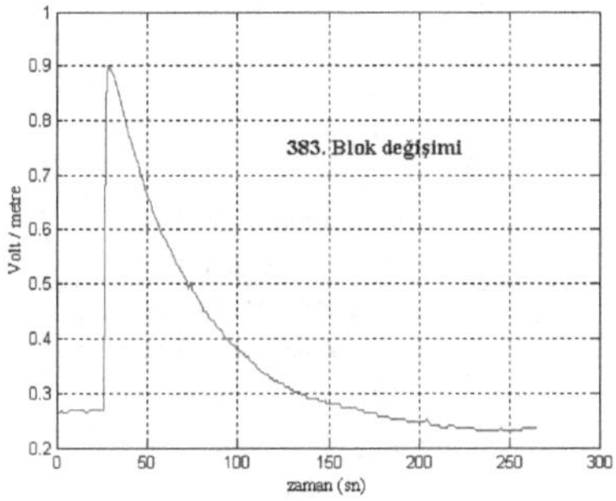

a) b)

***Şekil 3.47 a)** Bloklara ilişkin hata değerlerinin değişimi*
***b)** En küçük hataya sahip olan bloğun içerdiği örüntü*

Şekilde görüldüğü üzere. en küçük hata değerine sahip olan 383. blok. deprem habercisi olan örüntünün olduğu görülmektedir. Bu şekilde deprem habercisi olan örüntü saptanmış olur. Ancak gerçeklenen tüm denemeler sonucunda da yöntemin başarı oranı %75 olduğu saptanmıştır. Bu değer diğer uygulamalara göre düşük bir seviye olup. deneme sürecinin daha maliyetli olduğu saptanmıştır.

3.5. Saptanan Örüntü Üzerinden Öznitelik Bilgilerinin Çıkarılması ve Olası Deprem Öngörüsüne İlişkin İpuçların Elde Edilmesi

Bölüm 3.4' te deprem habercisi olduğu varsayılan tipik örüntünün saptanması için kullanılan yöntemler tanıtılmış ve bu yöntemlerin tipik örüntünün saptamasında nasıl kullanıldıkları anlatılmıştır. Bu bölümde ise saptanan sismik anomali örüntüsünden öznitelik (yer. büyüklük ve süre) bilgilerinin çıkarılması ve olası depremin öngörüsüne ilişkin bazı ipuçların nasıl elde edilebileceği çeşitli uygulamalar üzerinde anlatılmıştır.

Saptanan örüntü üzerinden öznitelik (depremin istasyona uzaklığı. büyüklük ve süresi) bilgilerinin çıkarılması iki aşamada gerçekleşir. Bu aşamaların işlem akışı Şekil 3.48'de gösterilmiştir.

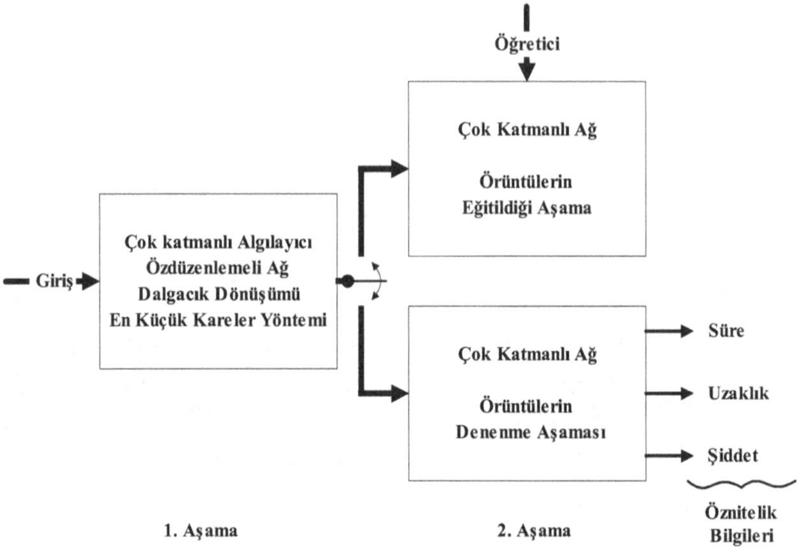

Şekil 3.48 *Olası depreme ilişkin öznitelik bilgilerinin çıkarılma mekanizması*

Şekilde görüldüğü üzere. birinci aşama Bölüm 3.4'te gerçeklenen uygulamaları içerir. Bu aşamada önceki bölümde kullanılan yöntemler ile tipik örüntünün saptanması amaçlanmıştır. İkinci aşamada ise saptanan tipik örüntünün eğitimi veya eğitilmiş ağ üzerinde denenmesi amaçlanmıştır. Çok katmanlı algılayıcı başarılı bir öğreticili YSA yöntemi olması nedeniyle. ikinci aşamada gerçeklenen çalışmada bu yöntem kullanılmıştır. ÇKA yönteminin nasıl kullanılabileceği Bölüm 3.4.1' de anlatılmıştır. Aşağıda bu yöntem kullanılarak ikinci aşamanın nasıl gerçeklendiği ayrıntılı bir şekilde anlatılmıştır.

İkinci aşama kendi içinde iki farklı bölümden oluşmaktadır. Bunlar. eğitim ve deneme aşamasıdır. Eğitim aşamasında, saptanan tipik deprem haberci örüntüsü ağın giriş örüntüsü olarak kullanılır. Ayrıca ağın öğreticili bir ağ olması nedeniyle. giriş örüntüsüne ilişkin öznitelik (hedeflenen küme) bilgileri ağa girdi olarak sağlanır. Çok sayıda deprem haberci örüntüsünün ağda eğitilmesi. ağın olası depremi öngörme konusunda tecrübe kazanmasına olanak sağlar. Deneme aşamasında ise birinci aşamada saptanan örüntüye ilişkin öznitelik bilgilerinin çıkarılması gerçeklenir. Bu işlem. ÇKA ağına ilişkin eğitilmiş ağırlıklar ile saptanır. Şekil 3.48'de görülen ikinci aşamanın eğitme işlemleri ve eğitilen ÇKA ağının denenmesi işlemleri aşağıda ayrıntılı bir şekilde anlatılmıştır.

Yapılan bu çalışma, ÇKA yöntemiyle tipik örüntünün saptanması için gerçeklenen uygulamanın (Bölüm 3.4.1) benzeri olarak görülebilir. ÇKA yöntemin kullanılması ve ağın eğitiminde aynı eğitim ve deneme kümelerinin kullanılması bu benzerlikleri oluşturur. Bölüm 3.4.1' de bulunan çalışmadan farkı ise ağ için oluşturulan hedeflenen kümenin olası depreme ilişkin öznitelik bilgilerini içermesidir.

Gerçeklenen çalışmada ağın eğitimi için toplam 37 örüntü oluşturulmuştur. Bu eğitim kümesinin 17 tanesi sismik anomalileri içermektedir. Kalan 20 eğitim örüntüsü ise olağan değişim içeren örüntülerdir (Ek-A. Tablo A.1 ve Tablo A.2). Deneme kümesini oluşturan toplam 15 örüntüden 10 tanesi deprem habercisi olan değişimi içeren örüntülerdir (Ek-A. Tablo A.3 ve Tablo A.4). Örüntülerin büyük boyutlarda olması nedeniyle. Bölüm 3.4.1' de olduğu gibi gerekli olan Hebbian analizi ve doğrusal ölçekleme. bu çalışmada da ön işlemler olarak yer almıştır. Eğitim aşamasında izlenen işlem akışı Şekil 3.17' de gösterilmiştir.

Bu çalışmada gerçeklenen ağ yapısı Şekil 3.49'da gösterilmiştir. Gerçeklenen uygulamaların bir kısmında Şekil 3.49'da görülen yapı kullanılırken. bir kısmında ise aynı yapının gizli katmanlarında bulunan nöron sayıları artırılarak gerçeklenmiştir. YSA yapısının değişimiyle sonuçların ne denli değiştiği görülebilmesi açısından böyle bir yola başvurulmuştur.

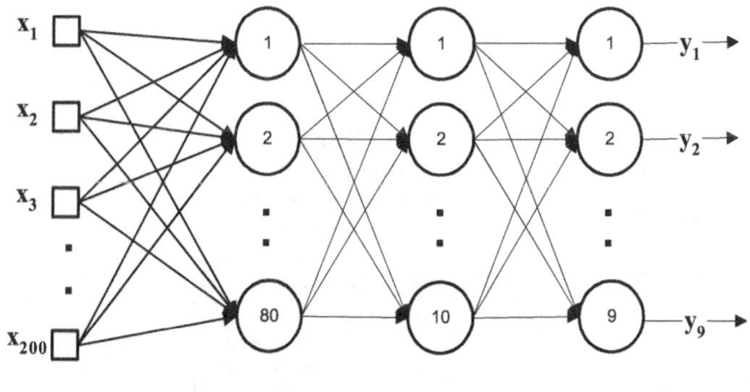

Şekil 3.49 *Olası depremin öngörüsü için gerçeklenen ağ modeli*

Tablo A.1'de görülen olağan dışı genlik (A) artışı. işaret öncesi ve sonrası genlik farkı ve değişimin iniş zaman sabiti (T) olası bir depremin istasyona uzaklığı. büyüklüğü ve süresi hakkında elde edilmek istenen verilerini oluşturduğu EKGDT proje grubunca . Bu veriler ağın çıkışında elde edilmek istenen öznitelik parametreleridir. Öznitelik parametreleri. depremin *genliği. etkinlik mesafesi* ve *öngörü süresi* bilgileridir. EKGDT projesinde öznitelik sınıflandırılması 4 bölümde incelenirken (Kısa vade, Orta vade, Orta-uzun vade ve Uzun vade), her sınıf için yeterince örüntünün olmaması nedeniyle bu kitap kapsamında 3 bölümde incelenmiştir (Kısa vade, Orta vade ve Uzun vade). Bu büyüklükler Tablo 3.8'de gösterildiği şekilde kodlanmıştır. Örneğin. etkinlik mesafesi 0-80km. büyüklüğü 4.0-5.9M ve öngörü süresinin 48 saatin üzerinde olan bir olağan dışı değişim için kod [100 010 001] olarak belirlenir.

Tablo 3.8. *Öznitelik Sınıflandırması*

Etkinlik Mesafesi (km)	Büyüklük (Richter)	Süre (saat)	Sınıf
0-80 km (Kısa)	3-3.9 M (Küçük)	2-12 (Kısa vade)	[1 0 0]
81-200 km (Orta)	4.0-5.9 M (Orta)	12-48 (Orta vade)	[0 1 0]
200 - ..km (Uzun)	6.0-.. M (Büyük)	48- .. (Uzun vade)	[0 0 1]
Olağan dışı değişim içermeyen örüntü			[0 0 0]

Yapılan kodlamada dikkate alınan ölçüt şöyle açıklanabilir; Kısa vade (KV). orta vade (OV). uzun vade (UV) sınıflandırmaları örüntülerin tipine göre olasılık yoğunluklarının %80 başarımlı merkez aralıklarına denk düşecek şekilde yaklaşık olarak seçilmişlerdir. Örnek olarak Şekil 3.50' de öngörü süresinin kısa vade olan sınıfı için %80 başarımlı bölge poission dağılımında taralı alan olarak gösterilmiştir.

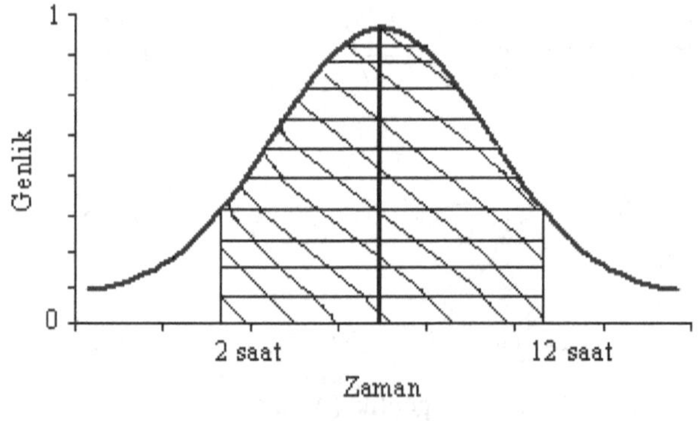

Şekil 3.50 *Marmara bölgesi için 01.06.2001-23.03.2002 tarihleri arasında yer alan depremlerin süre açısından kısa vade seçimini oluşturacak bölge.*

Eğitim ve deneme kümelerinin yukarıda anlatılan biçimde kodlanmış formları Tablo 3.9'da listelenmiştir. Tablo iki bölümden oluşmuştur. Sol sütunda bulunan bilgiler eğitim kümesinin örüntü bilgilerini. sağ sütunda bulunan veriler ise deneme örüntü bilgilerini içerir. Eğitim verilerinin (sol sütun) ilk 17 değişimi olağan dışı davranış içeren örüntüleri simgelerken. devamında gelen 20 örüntü (18-37) ise olağan değişimi içeren örüntüleri simgeler. Aynı şekilde deneme verilerinin (sağ sütun) ilk 10 değişimi olağan dışı davranış içeren örüntüleri. devamında gelen 5 örüntü (11-15) ise olağan değişimi içeren örüntüleri içerir. Bu örüntüler Tablo 3.8'de görülen öznitelik sınıflandırılmasına göre kodlanmıştır. Verilen eğitim kümesi için ortalama karesel hata değeri öğrenme başarımının ölçütü olarak alınmış ve bu amaç ölçütünü enküçülten parametreler belirlenmiştir.

Tablo 3.9. *Eğitim ve deneme örüntülerinin kodlanması*

Örüntü	*Kodu*	*Kullanıldığı Süreç*	*Örüntü*	*Kodu*	*Kullanıldığı Süreç*
1	[100 100 100]	Eğitim	1	[010 010 100]	Deneme
2	[100 100 010]	Eğitim	2	[100 100 100]	Deneme
3	[100 100 001]	Eğitim	3	[100 100 001]	Deneme
4	[010 100 010]	Eğitim	4	[100 100 010]	Deneme
5	[010 100 001]	Eğitim	5	[100 100 100]	Deneme
6	[100 100 001]	Eğitim	6	[100 100 001]	Deneme
7	[001 010 100]	Eğitim	7	[010 100 001]	Deneme
8	[001 100 001]	Eğitim	8	[100 100 010]	Deneme
9	[100 100 100]	Eğitim	9	[001 100 001]	Deneme
10	[100 100 010]	Eğitim	10	[100 100 100]	Deneme
11	[010 100 001]	Eğitim	11	[000 000 000]	Deneme
12	[100 100 001]	Eğitim	12	[000 000 000]	Deneme
13	[010 100 100]	Eğitim	13	[000 000 000]	Deneme
14	[010 100 001]	Eğitim	14	[000 000 000]	Deneme
15	[010 010 001]	Eğitim	15	[000 000 000]	Deneme
16	[010 010 010]	Eğitim			
17	[010 010 100]	Eğitim			
18	[000 000 000]	Eğitim			
19	[000 000 000]	Eğitim			
.	.	.			
.	.	.			
36	[000 000 000]	Eğitim			
37	[000 000 000]	Eğitim			

Buna göre gerçeklenen uygulamalardan sekiz tanesinin YSA parametreleri ve eğitim başarım değişimleri Tablo 3.10' da gösterilmiştir. Tabloda görülen kısaltmalar;

$\eta 1$: Birinci gizli katman öğrenme katsayısını.

$\eta 2$: İkinci gizli katman öğrenme katsayısını.

$\eta 3$: Çıkış katman öğrenme katsayısını.

α : Momentum katsayısını.

e : Ortalama karesel hatayı.

y : Eğitimde yaklaşılan ortalama karesel hatayı.

n : Adım sayısını.

giriş_ns : Giriş nöron sayısını.

k1_ns : Birinci katmana ilişkin nöron sayısını.

k2_ns : İkinci katmana ilişkin nöron sayısını.

çıkış_ns : Çıkış katmanına ilişkin nöron sayısını simgeler.

Tablo 3.10. *Uygulama ölçütleri ve eğitimdeki başarım değişimleri*

Uygulama	***Parametreler***	***Başarım Değişimi***
1	η_1=0,5 η_2=0,4 η_3=0,2 α=0,7 *e*=0.5 *y*=0.499735 *n*=1239 *giris_ns*=200 *k1_ns*=80 *k2_ns*=10 *çıkış_ns*=9	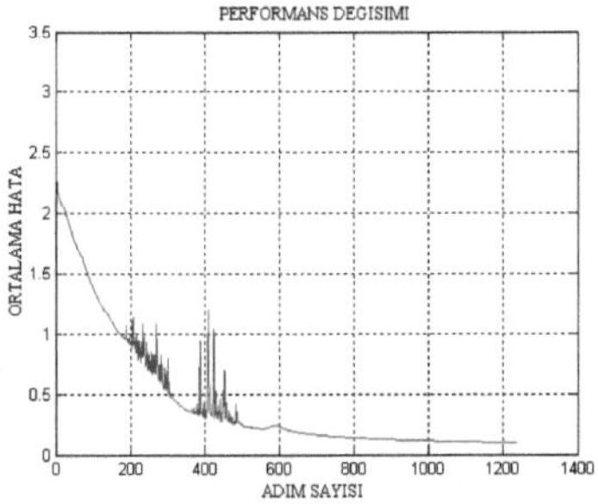
2	η_1=0,5 η_2=0,4 η_3=0,3 α=0,7 *e*=0.1 *y*=0.160821 *n*=50000 *giris_ns*=200 *k1_ns*=80 *k2_ns*=10 *çıkış_ns*=9	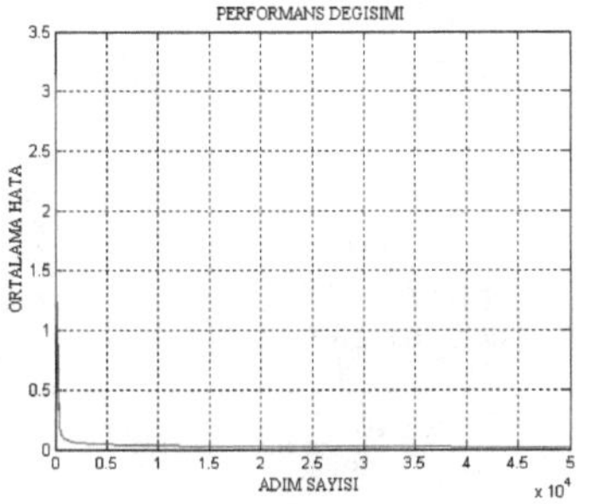
3	η_1=0,3 η_2=0,2 η_3=0,1 α=0,7 *e*=0.1 *y*=0.349168 *n*=5000 *giris_ns*=200 *k1_ns*=80 *k2_ns*=10 *çıkış_ns*=9	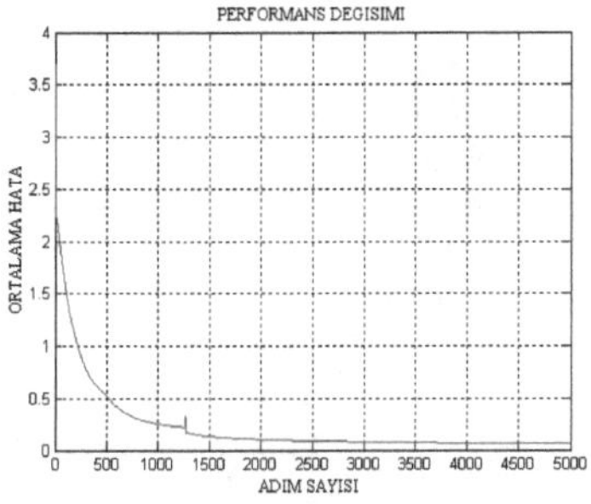
4	η_1=0,5 η_2=0,4 η_3=0,3 α=0,7 *e*=0.1 *y*=0.099973 *n*=1016 *giris_ns*=200 *k1_ns*=200 *k2_ns*=20 *çıkış_ns*=9	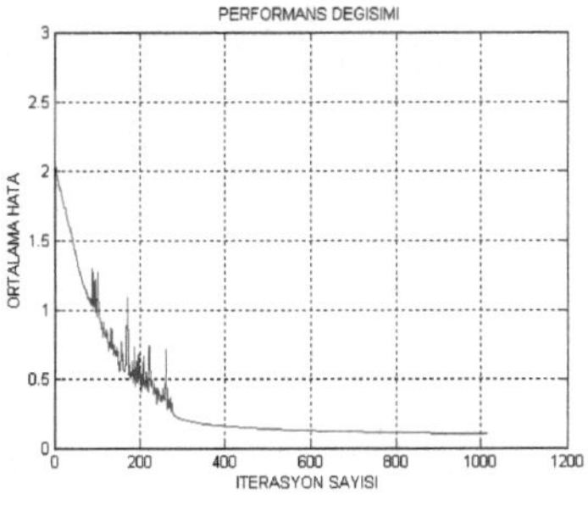

Tablo 3.10 (Devam). Uygulama ölçütleri ve eğitimdeki başarım değişimleri

Uygulama	*Parametreler*	*Başarım Değişimi*
5	η_1=0,4 η_2=0,2 η_3=0,1 α=0,7 *e*=0.1 *y*=0.101586 *n*=1947 *giris_ns*=200 *k1_ns*=200 *k2_ns*=10 *çıkış_ns*=9	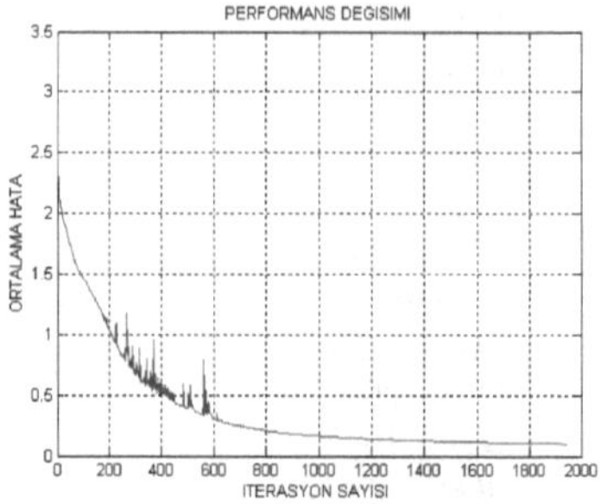
6	η_1=0,3 η_2=0,2 η_3=0,1 α=0,6 *e*=0.1 *y*=0.144518 *n*=1372 *giris_ns*=200 *k1_ns*=210 *k2_ns*=10 *çıkış_ns*=9	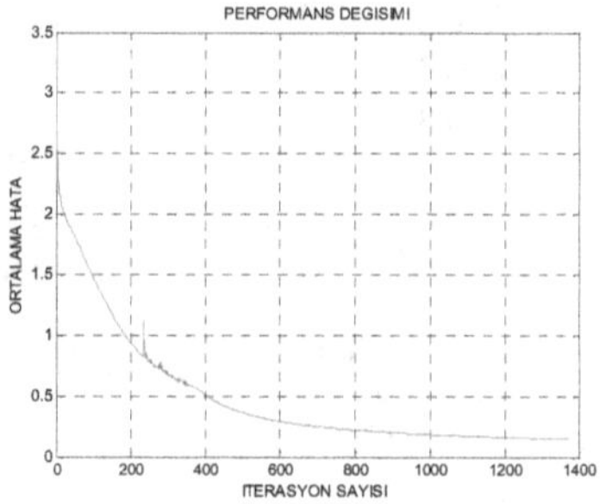
7	η_1=0,4 η_2=0,2 η_3=0,1 α=0,5 *e*=0.1 *y*=0.127421 *n*=1888 *giris_ns*=200 *k1_ns*=200 *k2_ns*=10 *çıkış_ns*=9	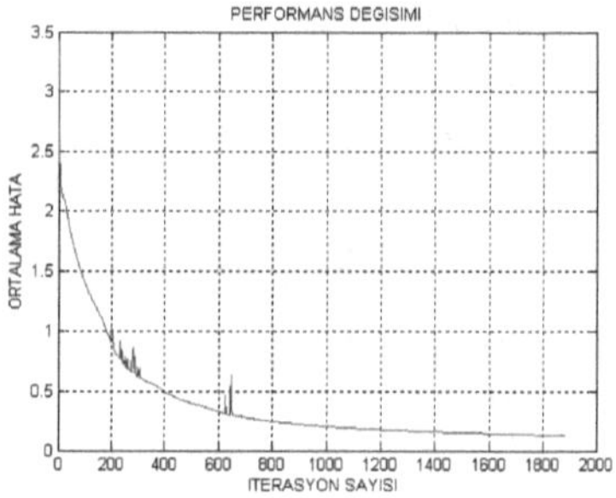
8	η_1=0,3 η_2=0,2 η_3=0,1 α=0,4 *e*=0.1 *y*=0.132591 *n*=1410 *giris_ns*=200 *k1_ns*=210 *k2_ns*=10 *çıkış_ns*=9	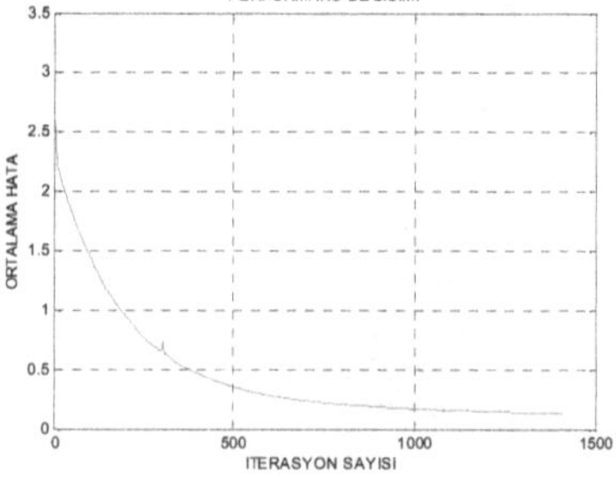

Tablo 3.10'da görüldüğü üzere elde edilen başarım değişimlerinde ortalama karesel hatanın adım sayısıyla azalan bir değişim gösterdiği açıktır.

Ağın denenmesiyle elde edilen sonuçlar Tablo 3.11'de gösterilmiştir. Tablodan anlaşılacağı üzere. farklı ölçütler ile gerçeklenen çalışmada yaklaşık birbirine yakın sonuçlar elde edilmiştir. Bu sonuçlar şöyle açıklanabilir:

- Her uygulamanın deneme aşamasında. örüntülerin farklı öznitelik parametrelerinin doğru öngörüldüğü saptanmıştır.
- 5. anomali örüntünün tüm deneme sonuçlarında doğru öngörüsünün yapılamamış olmasının nedeni. eğitim kümesinde bu değişimin özelliğini içerecek örüntünün olmamasındır.
- 2. örüntünün tüm denemelerde doğru öngörülmüş olmasının nedeni. eğitim kümesinde değişimin özelliğini içerecek örüntünün ağ tarafından iyi öğrenilmiş olmasındır.
- Deneme örüntülerinden 9. örnek. birinci uygulama hariç tüm deneme sonuçlarında olağan dışı değişim içermeyen örüntü sınıfına dahil edilmiştir. Bu saptama doğru bir saptama değildir. Ağın hatalı bir sonuca varmış olmasının nedeni. anomali genliğinin (A) çok küçük seviyede olmasıdır.
- İkinci ve üçüncü uygulamalarda. ortalama hata değerinin belirli bir adıma kadar istenilen seviyeye yakınsamadığı saptanmıştır. Diğer bir deyişle. ortalama hata değeri eşik seviyesinin altına düşmeden eğitim işlemi sonlandırılmıştır. Ancak. ağın bu konumdaki ağırlık katsayılarının denenmesiyle elde edilen sonuç. ortalama hata değerinin eşik seviyesinin altına düştüğü uygulamaların sonuçları ile büyük benzerlik gösterdiği saptanmıştır. Bu durum. ağın eğitim sürecinde ağırlık katsayılarının belirli bir adımdan sonra oldukça az bir değişe uğradığının göstergesidir.
- Tablo 3.11'den görüldüğü üzere. yapılan deneme işlemlerinin yaklaşık tamamının sonucunda. anomali içermeyen deneme örüntülerinin ayrıştırılabildiği saptanmıştır.
- Olağan dışı değişim içeren örüntülerde ise öngörü başarısı %50 mertebesinin üzerindedir.
- Elde edilen sonuçlar. olası deprem öngörüsüne ilişkin bazı ipuçların elde edilebileceğini göstermiştir.

Tablo 3.11. Deprem öngörü modelinin deneme sonuçları

		Deprem Habercisi Olan Değişimler Deneme Örüntüleri										Olağan Değişimler Deneme Örüntüleri				
		1	**2**	**3**	**4**	**5**	**6**	**7**	**8**	**9**	**10**	**11**	**12**	**13**	**14**	**15**
Etkinlik Mesafesi	1.Uygulama	√	√	x	√	x	√	√	√	x	x	S	S	S	S	S
	2.Uygulama	x	√	x	√	x	√	√	√	S	x	S	S	S	S	S
	3.Uygulama	x	√	x	√	x	√	√	√	S	x	S	S	S	S	S
	4.Uygulama	x	√	x	√	x	√	√	x	S	x	S	S	S	S	S
	5.Uygulama	x	√	x	√	x	√	√	√	S	x	S	S	S	S	S
	6.Uygulama	x	√	x	√	x	√	√	√	S	x	S	S	S	S	S
	7.Uygulama	x	√	x	√	x	√	√	x	S	x	S	S	S	S	S
	8.Uygulama	x	√	x	√	x	√	√	x	S	x	S	S	S	S	S
Büyüklük	1.Uygulama	x	√	√	x	x	√	√	√	x	√	S	S	S	S	S
	2.Uygulama	x	√	x	√	x	√	√	√	S	√	S	S	S	S	S
	3.Uygulama	x	√	x	√	x	√	√	√	S	x	S	S	S	S	S
	4.Uygulama	x	√	x	√	x	√	√	√	S	√	S	S	S	S	S
	5.Uygulama	x	√	x	√	x	√	√	√	S	√	S	S	S	S	S
	6.Uygulama	x	√	x	√	x	√	√	√	S	√	S	S	S	S	S
	7.Uygulama	x	√	x	√	x	√	√	√	S	√	S	S	S	S	S
	8.Uygulama	x	√	√	x	√	√	√	√	S	√	S	S	S	S	S
Öngörü Süresi	1.Uygulama	√	√	x	x	x	x	x	x	x	√	S	S	S	S	S
	2.Uygulama	√	√	x	x	x	x	x	x	S	x	S	S	S	S	S
	3.Uygulama	x	√	x	x	√	√	x	x	S	√	S	S	S	S	S
	4.Uygulama	x	√	x	x	x	x	x	x	S	√	S	S	S	S	S
	5.Uygulama	√	√	x	x	x	x	x	√	S	√	S	S	S	S	S
	6.Uygulama	√	√	x	x	x	x	x	x	S	√	S	S	S	S	S
	7.Uygulama	√	√	x	x	x	x	x	√	S	√	S	S	S	S	S
	8.Uygulama	√	√	√	x	x	x	x	x	S	√	S	S	S	S	S

√ : Başarılı **x** : Başarısız **S** : Olağan değişim içeren Örüntü

4. Sonuçlar ve Tartışma

Bazı doğa olaylarının ve canlı davranışlarının olağan dışı değişimlerinden faydalanarak. depremi önceden öngörmeye yönelik bir yöntem ortaya koyulamamıştır. Bugüne kadar yapılan çalışmalarda çoğunlukla depremi öngörme yolunda geçmişteki kayıtların stokastik değişimleri dikkate alınmıştır. Bu çalışmada, kayaç gerginliği sonucu ortaya çıkan elektrik alan ölçümleri kullanılarak depreme ilişkin sismik anomalileri tanıma ve sınıflama üzerine yoğunlaşılmıştır. Ayrıca olası depremin öngörüsünde bazı ipuçların elde edilmesi üzerine çalışılmıştır. Bu anlamda elektro statik ölçümlerle olası bir depremin öngörüsü açısından öncü bir çalışmadır.

Kayaç gerginliği sonucu oluşan elektrik alan ölçüm değerleri içinde depremi haber veren özel bir örüntünün varlığı saptanmıştır. Bu çalışmada da deprem habercisi olan bu değişimin saptanması hedeflenmiştir. Ardından bu örüntüdeki öznitelik bilgilerinden yararlanarak olası depremin istasyona olan uzaklığı. büyüklüğü ve zamanın öngörülmesi konusunda çalışma yapılmıştır.

Deprem habercisi örüntünün saptanmasında yapay sinir ağı. dalgacık ve en küçük kareler yöntemlerinden yararlanılmış ve bu yöntemlerin öğrenme. tanıma. filtreleme. modelleme gibi temel özellikleri sismik anomalilerin saptanması ve olası depremin öngörülmesi çalışmalarına uyarlanmıştır.

Bu çalışmaların öncesinde gerçeklenen önişlemde, verilerin çokluğu ve mevcut bilgisayar teknolojisi (hız) göz önüne alınarak bazı indirgemeler gerçeklenmiştir.

Yapılan çalışmalar sonucunda şu noktaya ulaşılmıştır:

1) Kayaç gerginliği sonucu oluşan elektriksel alanın ölçülmesi ve bu alanın içinde yer alan deprem haberci örüntüsü yüksek bir olasılıkla saptanmıştır.

2) Olası depreme ilişkin uzaklık. büyüklük ve zaman bilgilerinin öngörme başarı oranı normal olasılıkların üzerinde olduğu saptanmıştır.

3) Çalışmada kullanılan yöntemler sadece söz konusu deprem kökenli olağan dışı değişim örüntüsünün saptanması ve öngörüsü için değil, aynı zamanda diğer doğa olaylarının öngörüsüne uyarlanabilir.

4) Deprem biliminde sismik veriler üzerinde çalışan Jeofizik dalına, bu çalışmayla verilerin işlenmesi açısından yeni bir bakış açısı kazandırılmıştır.

5) Çalışmada gerçeklenen tüm program yazılımlarının yeniden kodlanmış olması, özgün bir çalışmanın gerçeklendiği olarak kabul edilebilir.

Bu çalışmanın sonucu dikkate alınarak, bir sonraki aşamada yapılabilecek çalışmalar ve öneriler aşağıda listelenmiştir.

1) Kayaç gerginliği sonucu oluşan elektrik alanını ölçmek için kullanılan tek kutuplu elektrik alan ölçüm duyarga sayısı ve konumları artırılırsa, bu çalışmada önermiş olduğumuz çözüm yöntemlerinin daha sağlıklı sonuç vereceği açıktır. Bu nedenle tek kutuplu elektrik alan ölçüm duyarga sayısının artırılması ve ülkenin çeşitli yerlerine yerleştirilmesi gerekmektedir.

2) Tek kutuplu elektrik alan ölçüm duyargası ile toplanan bilgilerin bir merkezde işlenmesi yerine. her duyarganın bulunduğu yerde bilgilerin işlenmesi gibi paralel bir çalışmanın neticesinde sonuçların bir merkezde toplanması öngörü başarı oranını artıracağı düşünülmektedir.

3) Depremin öngörüsünde sadece kayaç gerginliğine ilişkin elektrik alanından faydalanmak yerine diğer doğa olaylarından kaynaklanan etkilerin hesaba katılmasında yarar görülmektedir.

4) Depreme ilişkin doğa olaylarının ölçüm verilerini ve istatistiksel bilgilerini kapsayan bir veri birleştirme (data fusion) mekanizmasında karar destek sisteminin (Uzman sistem) oluşturulması. öngörü başarı oranını artıracaktır.

Kaynaklar

[1] **Eyidoğan. H.. Güçlü. U.. Utku. Z.. Değirmenci. E..** 1991. Türkiye Büyük Depremleri Makro-Sismik Rehberi. Kurtiş Yayıncılık. İstanbul.

[2] **Tiecheng W.. Baoyin W..** 1995. The Tidal Feature of Well Water Level and Its Anomalous Variations Before Earthquakes. *Journal of Earthquake Prediction Research*. **4**. 3.

[3] **Zhonghao. S..** 1999. Earthquake Clouds a Reliable Precursor. *Science and Utopya*. **64**. 53-57.

[4] **Yong S.. Wai Z..** 1995. The Correlation Between Radon Variation and Earth Solid Tide Change in Rock-Groundwater System-the Mechanical Foundation for Using Change to Predict Earthquake. *Journal of Earthquake Prediction Research*. **4**. 3.

[5] **Reilinger. R.. Barka. A. A..** 1997. GPS constraints on slip rates in the Arabia-Africa-Eurasia plate collision zone: Implications for the earthquake recurrence times. *NATO ASI Serisi*. **28**. 91-108.

[6] **Buskirk. R.E.. Frohlich. C.. Latham. G.V..** 1981. Unusual Animal Behavior Before Earthquakes: A Review of Possible Sensory Mechanisms. *Reviews Of Geophysics and Space Physics*. **19**. 247-270.

[7] **Canyaran. L.. Üstündağ B..** 1999. Earthquake Forecast System. *Turkish Patent Institute*. Applicaton No: 1999/02911.

[8] **Tazieff. H..** 1992. Eartquake Prediction. McGraw-Hill. New York.

[9] **Rikitake. T..** 1981. Current Research in Prediction I. Developments in Earth and Planetary Sciences. Center for academic Publications Japan.

[10] **Dimililer. N..** 1995. Eartquake Prediction Using Neural Networks. *Yüksek Lisans Tezi*. Boğaziçi Üniversitesi Fen Bilimleri Enstitüsü. İstanbul.

[11] **Lee. T.L.. Tsai. C.P.. Jeng. D.S.. Shieh. R.J..** 2002. Neural Network for the Prediction and Supplement of Tidal Record in Taichung Harbur. Taiwan. *Advances in Engineering Software*. **33**. 329-338.

[12] **Campolo. M.. Andreussi. P.. Soldati. A..** 1997. River Flood Forecasting with a Neural Network Model. *Water Resour Res*. **35.** 1191-7.

[13] **French. M.N.. Krajewski W.F.. Cuykendall R.R..** 1992. Rainfall Forecasting in Space and Time Using a Neural Network. *J. Hydrol.* **137**. 1-31.

[14] **Schizas. C.N.. Pattichis. C.S.. Michaelides. S.C..** 1994. Artificial Neural Networks in Weather Forecasting. *Neural Networks*. 219-230.

[15] **Schizas. C.N.. Michaelides. S.C.. Pattichis. C.S..** 1991. Artificial Neural Networks in Forecasting Minimum Temperature. *Institution of Electrical Engineers*. Cyprus. **349**. 112-114.

[16] **Canyaran. L.. Üstündağ. B.. 1999.** Earthquake Forecast System. *Türk Patent Enstitüsü*. Başvuru No: 1999/02911.

[17] **Üstündağ. B.. Özerdem. M.S.. Eyidoğan. H..** 2002. Earthquake Prediction Using a New Monopolar Electric Field Probe. *50.Anniversary of the European Seismological Commission. XXVIII General Assembly*. University of Genoa. Italy. September 1-6. 40.

[18] **Özerdem. M.S.. Sönmez. C.. Üstündağ. B..** 2002. Anomali Örüntülerinin Yapay Sinir Ağlarıyla Öğrenilmesi ve Öngörüde Kullanımı. *10.Sinyal İşleme ve İletişim Uygulamaları (SİU2002)*. Işık Üniverstesi. 12-14 Haziran. **1**. s.236-241.

[19] **Özerdem. M.S.. Üstündağ. B.. Eyidoğan. H..** 2002. Neural Network Based Electric Field Pattern Recognition for Earthquake Prediction. *50.Anniversary of the European Seismological Commission. XXVIII General Assembly*. University of Genoa. Italy. September 1-6. 173.

[20] **Özkaya. M..** 1996. Yüksek Gerilim Tekniği 1. Birsen Yayınevi. İstanbul.

[21] **Avdyushin S.. Belov A. ve ark**. 1998. Russian Space Weather Initiatives. Institute of Applied Geophysics. Moskova.

[22] **Price C.. Blum M..** 2000. ELF/VLF Radiation Produced by the 1999 Leonid Meteors. *Department of Geophysics and Planetary Science*. Tel Aviv University. Israel.

[23] **TEMIC. Siliconix Data Book.** 1994. Low-Power Discretes. Siliconix incorporated. pp.11-63.

[24] **Tullis. T.E..** 1988. Rock Friction Constitutive Behavior from Laboratory Experiments and Its Implications for an Earthquake Prediction Field Monitoring Program. *Pageoph*. **126**. pp.555-588.

[25] **Rudnicki. J.W..** 1988. Physical Models of Earthquake Instability and Precursory Processes. *Pageoph.* **126**. pp.531-554.

[26] **Widrow. B.. ve Lehr. M.A..** 1990. 30 Years of Adaptive Neural Networks: Perceptron. Madaline and Backpropagation. *Proceeding of the IEEE.* **78**. No.9. pp.1415-1442.

[27] **Jain. A.K.. Mao. J. ve Mohiuddin. K.M..** 1996. Artificial Neural Networks: A Tutorial. Michigaon State University.

[28] **Hsu. H.P..** 1995. Schaum's Outline of Theory and Problems of Signals and Systems. McGraw-Hill Professional Publishing. New Jersey.

[29] **Matsuda. T.. Yamanaka. C. Ve Ikeya. M..** 2001. Behavior of Stress-Induced Charges in Cement Containing Crystals. *Phys. Stat. Sol..* **184**. 359-365.

[30] **Haykin. S..** 1999. Neural Networks. A Comprehensive Foundation. Upper Saddle River. Prentice Hall. N.J.

[31] **Kreyszig. E..** 1988. Advanced Engineering Mathematics. 6$^{th.}$ Ed.. Wiley. New York.

[32] **Kohonen. T..** 1990. The Self Organizing Map. *Proc. of the IEEE.* **78**. no.9

[33] **Teshnehlab. M.. ve K. Watanabe.** 1999. Intelligent Control Based on Flexible Neural Networks. Kluwer Academic Publishers. **2**. 25-37.

[34] **Özkan. C..** 2001. Uydu Görüntü Verisinin YSA ile Sınıflandırılması. *Doktora Tezi.* İ.T.Ü. Fen Bilimleri Enstitüsü. İstanbul.

[35] **Culloch. S. M. And Pitts. W..** 1943. A logical calculus of the ideas immanent in nervous activity. *Bulletin of Mathematical Biophysics.* **5**. pp.115-133.

[36] **Hagan. M.T.. Demuth. H.B.. Beale.M..** 1996. Neural Network Design. PWS Publishing Company. Boston

[37] **Gutierrez. Wang. J. and Grandin. R.D..** 1989. Estimating hidden units for two layer perceptrons. *Proceedings of the 1st. International Conference on Artificial Neural Networks.* London. U.K.. 120-124.

[38] **Şengör. N..** 2001. YSA Yüksek Lisans Ders Notları. İTÜ Elektrik Elektronik Fakültesi. İstanbul.

[39] **Moon. S. and J.N. Hwang.** 1997. Robust Speech Recognition Based on Joint Model and Feature Space Optimization of Hidden Markov Models. *IEEE Transactions on Neural Networks*. **8**. 194-204.

[40] **Efe. M.Ö. ve O. Kaynak.** 1999. Neuro-Fuzzy Approaches for Identification and Control of Nonlinear Systems. *International Symposium on Industrial Electronics (Tutorial. ISIE'99)*. Slovenya. July 12-16. pp.TU2-TU11.

[41] **Efe. M.Ö.. A.B. Koku ve O. Kaynak.** 1998. Comparison of Soft Computing and Conventional Methodologies in Control of Servo Systems. *Proceedings of the IEEE 24th. International Conference on Industrial Electronics. Control and Instrumentation (IECON'98)*. Aachen. Almanya. 31 Ağustos – 4 Eylül. **1**. s.75-81

[42] **Karlık. B..** 1994. Çok Fonksiyonlu Protezler için Yapay Sinir Ağları Kullanılarak Miyoelektrik Kontrol. *Doktora Tezi*. Y.T.Ü. Fen Bilimleri Enstitüsü. İstanbul.

[43] **Kohonen. T.. Makisara. K..** 1989. The Self Organizing Feature Maps. *Physica Scripta*. **39**. pp.168-172.

[44] **Lo. Z.. Fujita. M. Bavarian. B..** 1991. Analysis of neighborhood interaction in Kohonen neural networks. *6th International Parallel Processing Symposium Proceedings*. Los Alamitos. CA. pp.247-249.

[45] **Lo. Z.. Yu. Y.. Bavarian. B..** 1993. Analysis of the convergence properties of topology preserving neural networks. *IEEE Transactions on Neural Networks*. **4**. pp.207-220.

[46] **Kohonen. T..** 1997. Exploration of very large databases by self organizing maps. *1997 International Conference on Neural Networks*. Houston. **1**. pp.PL1-PL6.

[47] **Zurada. J.M..** 1992. Introduction to Artificial Neural Systems. West Publishing Company. pp.423-432.

[48] **Kohonen. T..** 1988. Learning Vector Quantization. *Neural Networks Supplement: INNS Abstracts*. **1**. pp.303.

[49] **Gersho. A.. and R.M. Gray.** 1992. Quantization and Signal Compression. Kluwer. Norwell. M.A.

[50] **Englehart K.. Hudgins. B.. ve Parker. P.A..** 2001. A Wavelet-Based Continuous Classification Scheme for Multyfunction Myoelectric Control. *IEEE Trans. Biomed. Eng.*. **48**. pp.302-311.

[51] **Tzanetakis. G.. Essl. G.. Cook P..** 2001. Audio Analysis using the Discrete Wavelet Transform. *In. Proc. WSES Int. Conf. Acoustics and Music: Theory and Applications (AMTA 2001).* Skiathos. Greece.

[52] **Chui. C.K..** 1992. An Introduction to Wavelets. Academic Press. Boston.

[53] **Shiavi. R..** 1999. Introduction to Applied Statistical Signal Analysis. Academic Press. pp.18-28.

Ek-A. Eğitim ve deneme kümelerinde kullanılan olağan dışı değişim içeren ve içermeyen örüntüler

TEA ölçüm duyargası ile ölçülen statik elektrik alan değişimleri. yapay sinir ağları uygulamalarında eğitim ve deneme örüntülerini oluşturur. Deprem haberci örüntüsünün saptanması ve olası depremin kestirmi için ağın eğitiminde kullanılan örüntüler Tablo A.1 ve Tablo A.2'de gösterilmiştir. Ağın denenmesinde ise kullanılan örüntüler ise Tablo A.3 ve Tablo A.4' de gösterilmiştir.

Her örüntü içeriğine ve uygulamasına göre farklı kodlanmıştır: Örüntü saptama uygulamasında. olağan dışı değişimler için [1 0], olağan değişimler için ise [0 1] kodu kullanılmıştır. Depremi kestirme uygulamasında dikkate alınan ölçüt Tablo 3.8'de gösterilmiştir. Bu ölçütler dikkate alınarak oluşturulan örüntü kodları. ağın eğitiminde ve denenmesinde kullanılmıştır.

Tablo A.1 *Eğitim amacıyla kullanılan olağan dışı değişim içeren örüntüler ve örüntülerin uygulamaya göre kodları*

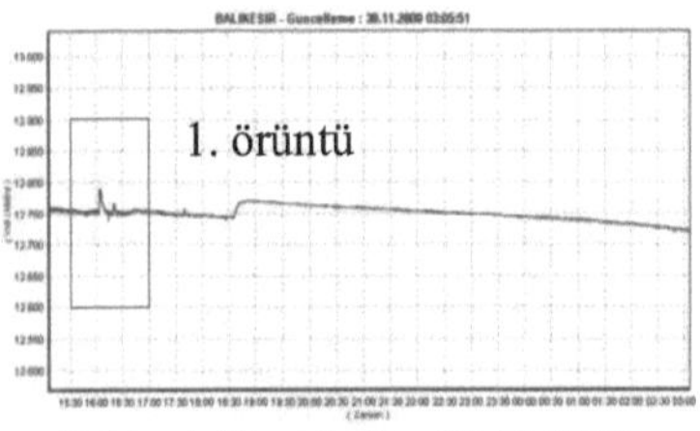

Balıkesir Terminali – 30.11.2000
Örüntü Saptama için [1 0]
Deprem kestirimi için [100 100 100]

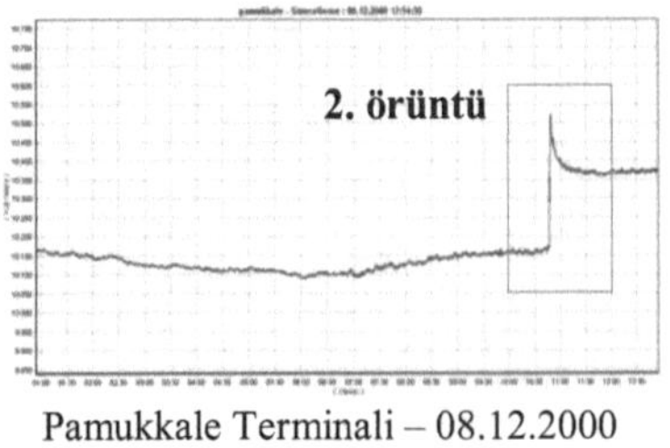

Pamukkale Terminali – 08.12.2000
Örüntü Saptama için [1 0]
Deprem kestirimi için [100 100 010]

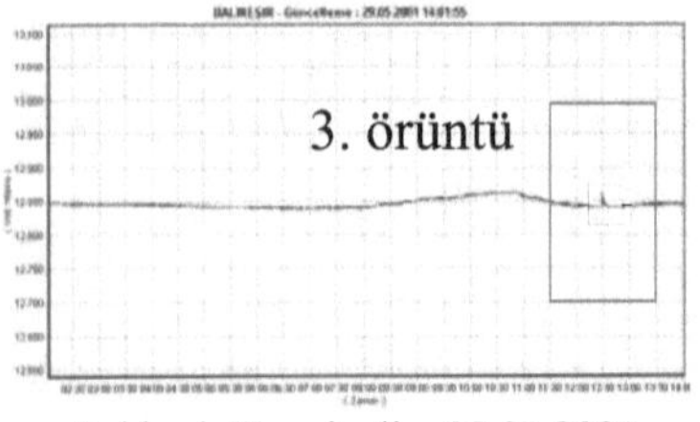

Balıkesir Terminali – 29.05.2001
Örüntü Saptama için [1 0]
Deprem kestirimi için [100 100 001]

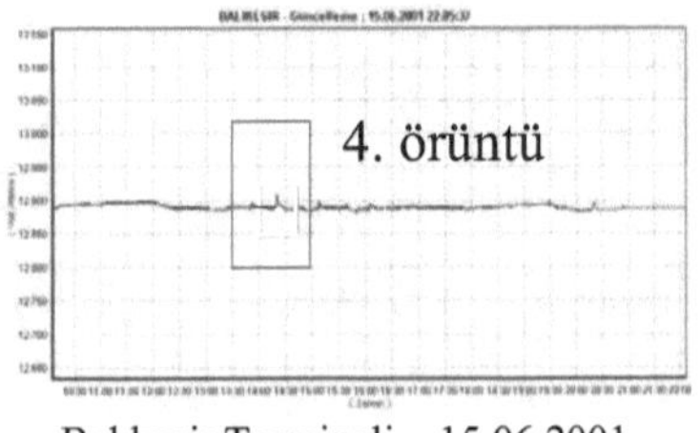

Balıkesir Terminali – 15.06.2001
Örüntü Saptama için [1 0]
Deprem kestirimi için [010 100 010]

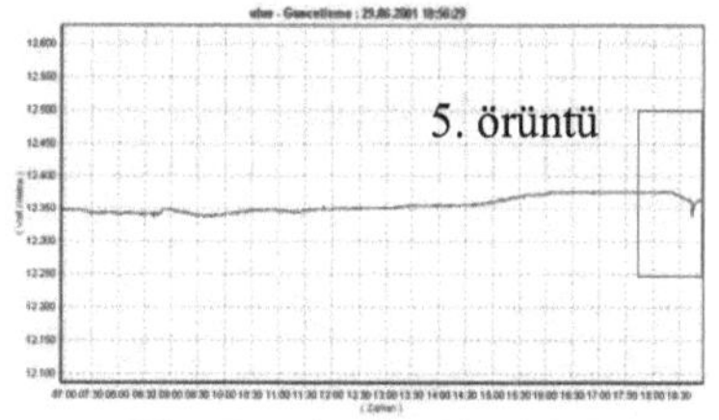

Ulus Terminali – 29.06.2001
Örüntü Saptama için [1 0]
Deprem kestirimi için [010 100 001]

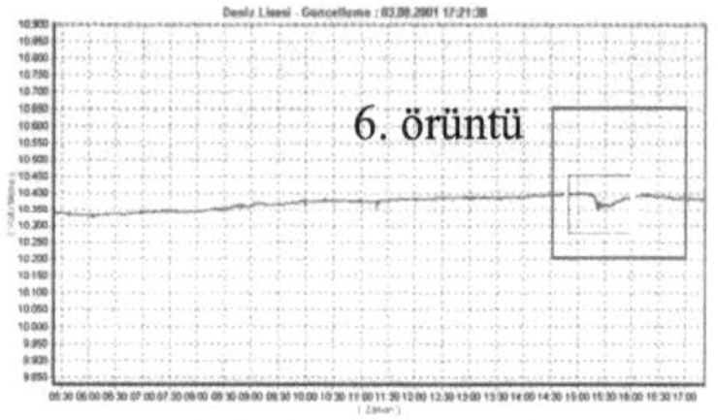

Denizli Lisesi – 03.08.2001
Örüntü Saptama için [1 0]
Deprem kestirimi için [100 100 001]

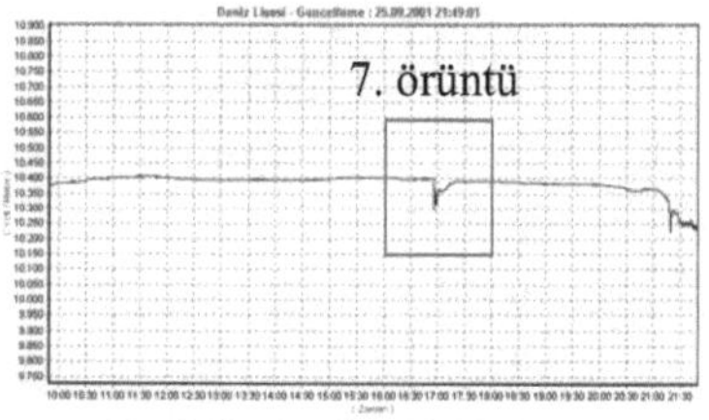

Denizli Lisesi – 25.09.2001
Örüntü Saptama için [1 0]
Deprem kestirimi için [001 010 100]

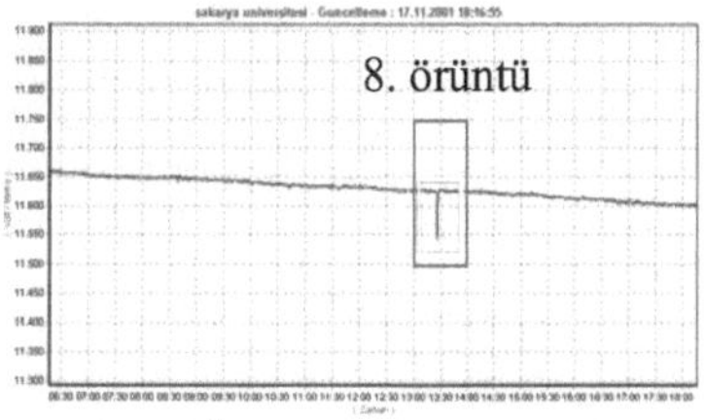

Sakarya Üniversitesi – 17.11.2001
Örüntü Saptama için [1 0]
Deprem kestirimi için [001 100 001]

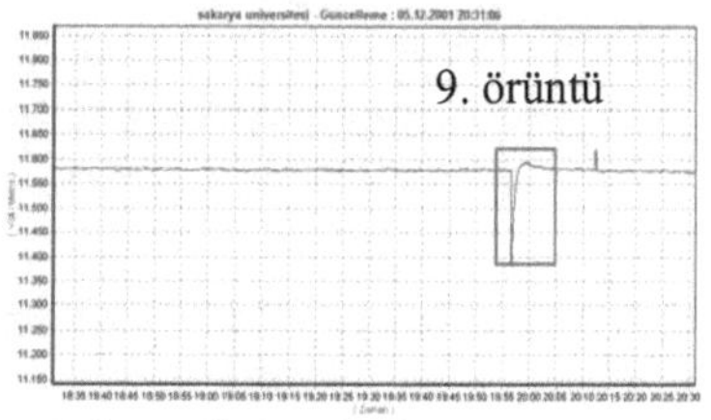

Sakarya Üniversitesi – 05.12.2001
Örüntü Saptama için [1 0]
Deprem kestirimi için [100 100 100]

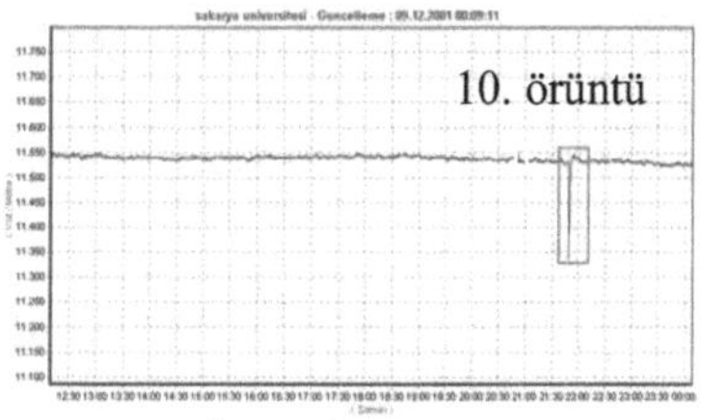

Sakarya Üniversitesi – 09.12.2001
Örüntü Saptama için [1 0]
Deprem kestirimi için [100 100 010]

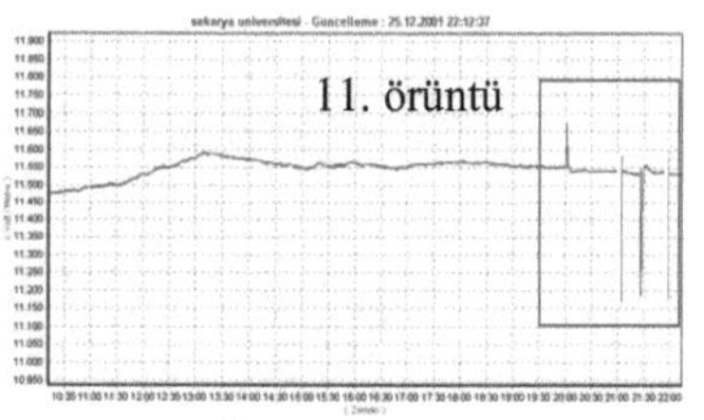

Sakarya Üniversitesi – 25.12.2001
Örüntü Saptama için [1 0]
Deprem kestirimi için [010 100 001]

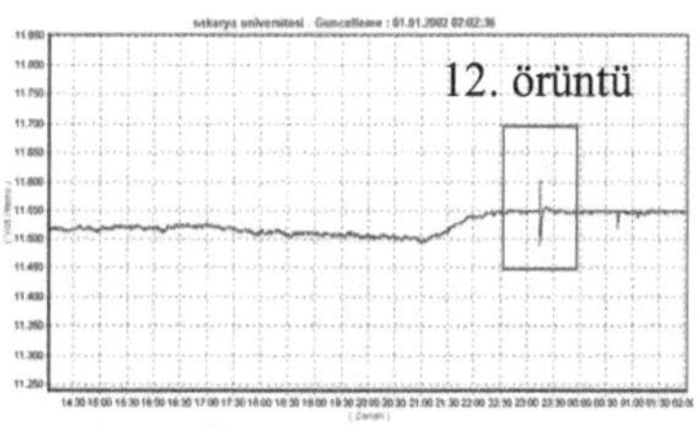

Sakarya Üniversitesi – 01.01.2002
Örüntü Saptama için [1 0]
Deprem kestirimi için [100 100 001]

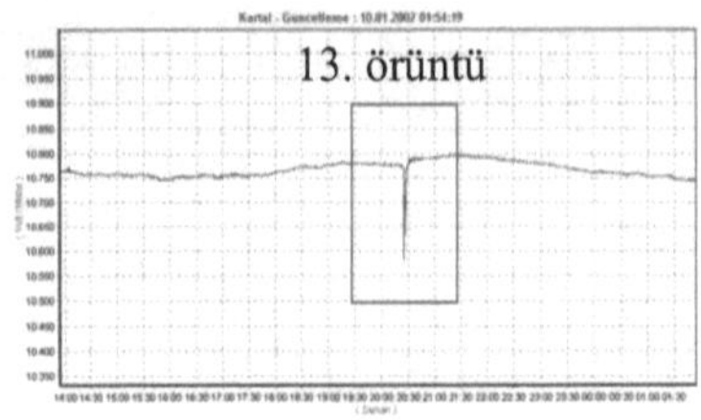

Kartal Terminali – 10.01.2002
Örüntü Saptama için [1 0]
Deprem kestirimi için [010 100 100]

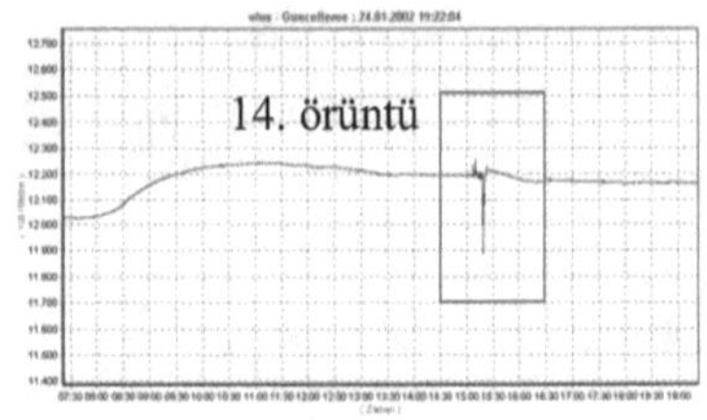

Ulus Terminali – 24.01.2002
Örüntü Saptama için [1 0]
Deprem kestirimi için [010 100 001]

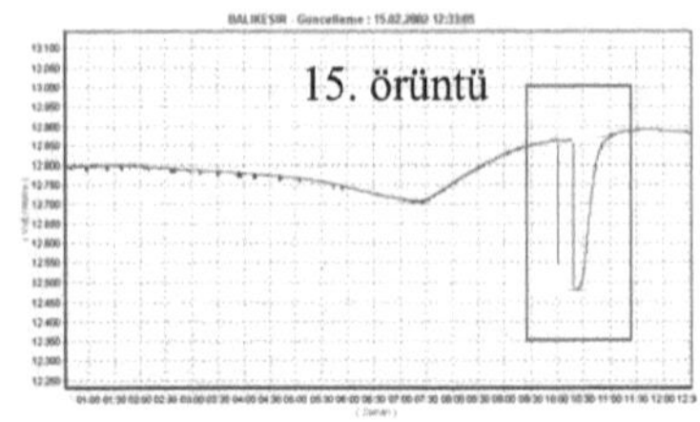

Balıkesir Terminali – 15.02.2002
Örüntü Saptama için [1 0]
Deprem kestirimi için [010 010 001]

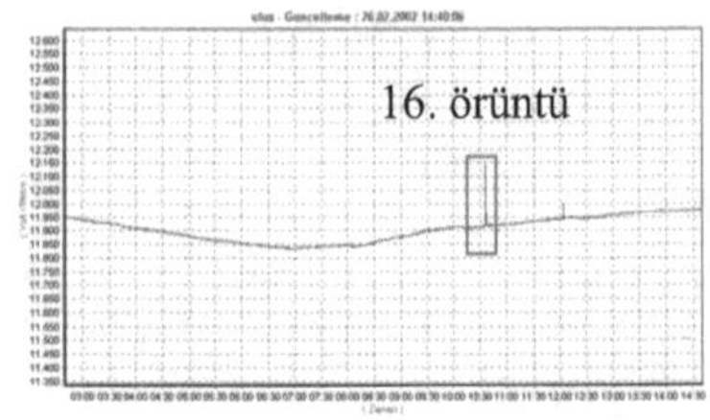

Ulus Terminali – 26.02.2002
Örüntü Saptama için [1 0]
Deprem kestirimi için [010 010 010]

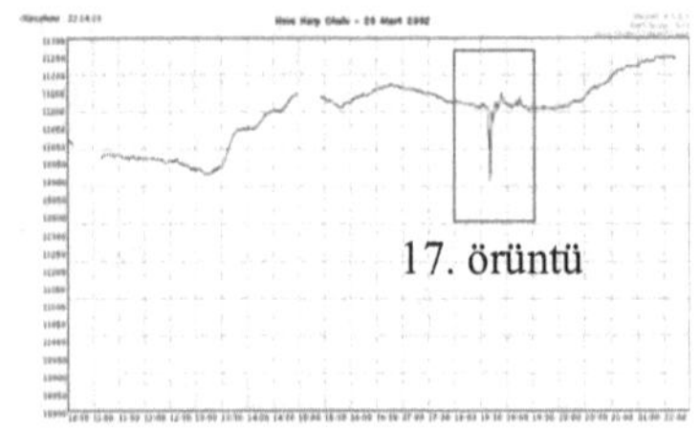

Hava Harp Okulu – 20.03.2002
Örüntü Saptama için [1 0]
Deprem kestirimi için [010 010 100]

Tablo A.2 Eğitim kümesinde bulunan olağan değişimi içeren örüntüler ve kodları

Tüm örüntüler için kullanılan kodlar

Örüntü Saptama için [0 1]

Deprem kestirimi için [000 000 000]

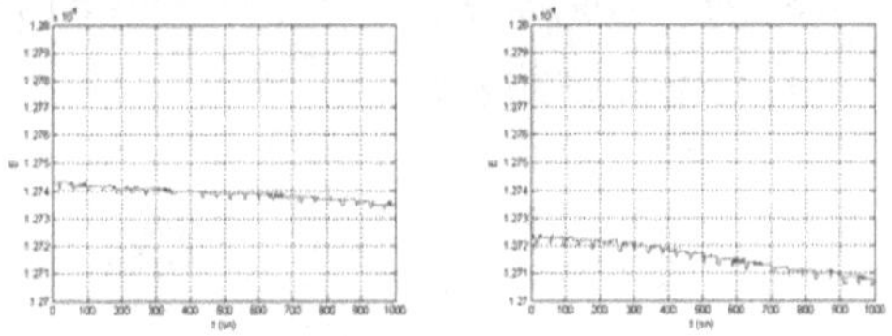

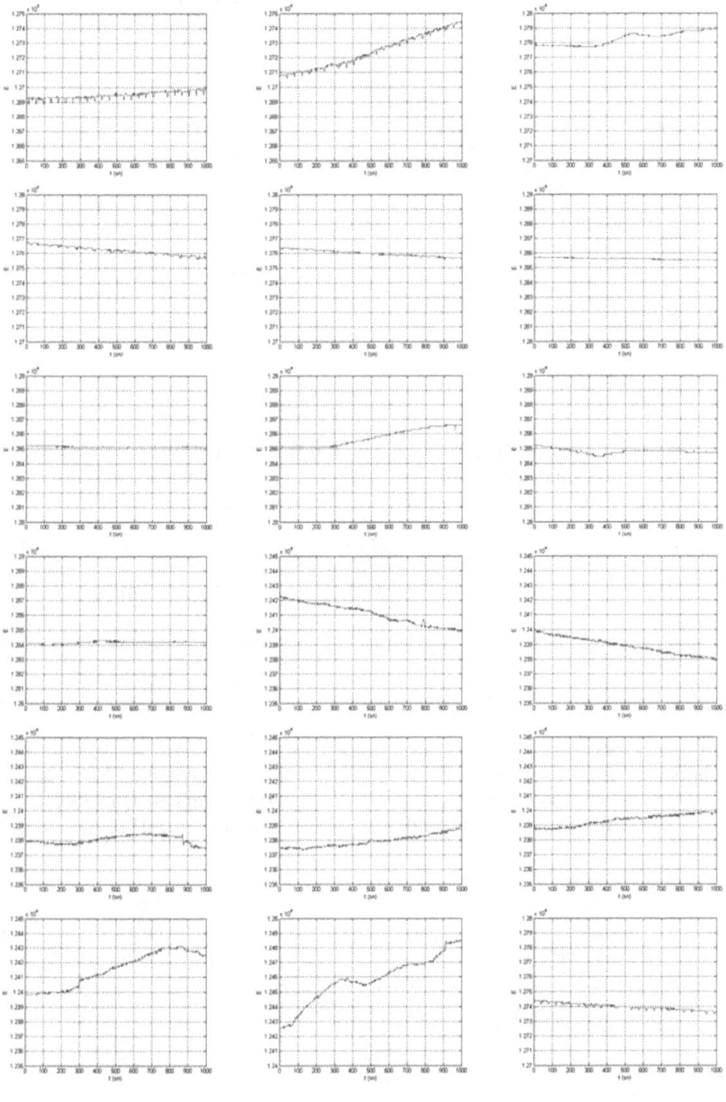

Tablo A.3 Deneme kümesinin olağan dışı değişim içeren örüntüleri ve örüntülerin uygulamaya göre kodları

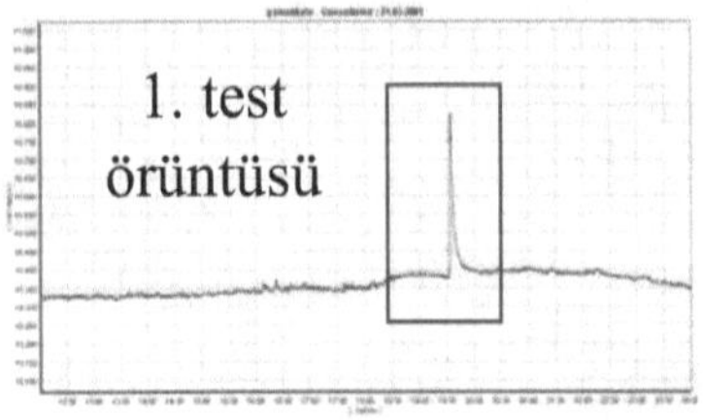

Pamukkale Terminali – 21.03.2001
Örüntü Saptama için [1 0]
Deprem kestirimi için [010 010 100]

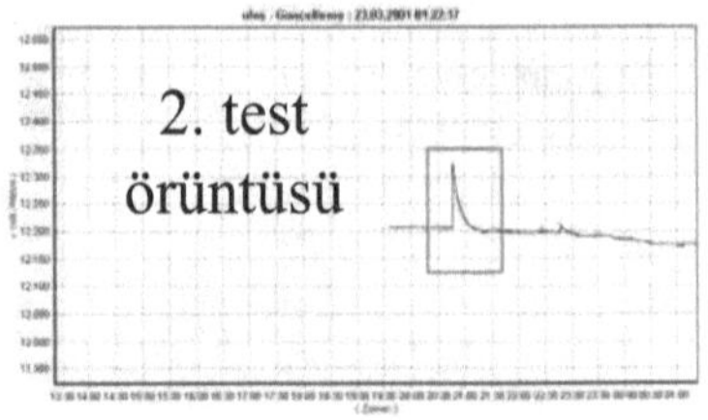

Ulus Terminali – 23.03.2001
Örüntü Saptama için [1 0]
Deprem kestirimi için [100 100 100]

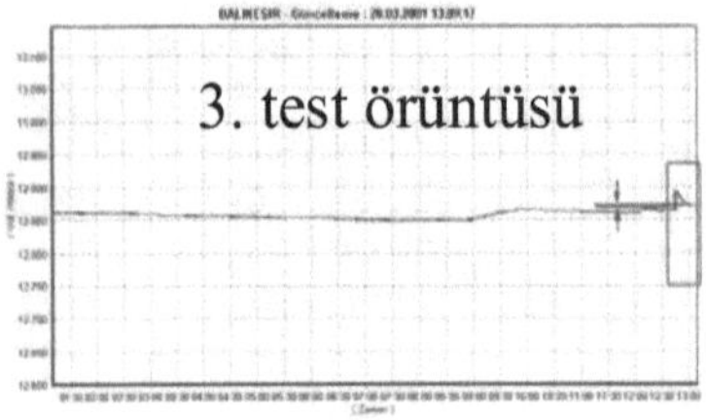

Balıkesir Terminali – 28.03.2001
Örüntü Saptama için [1 0]
Deprem kestirimi için [100 100 001]

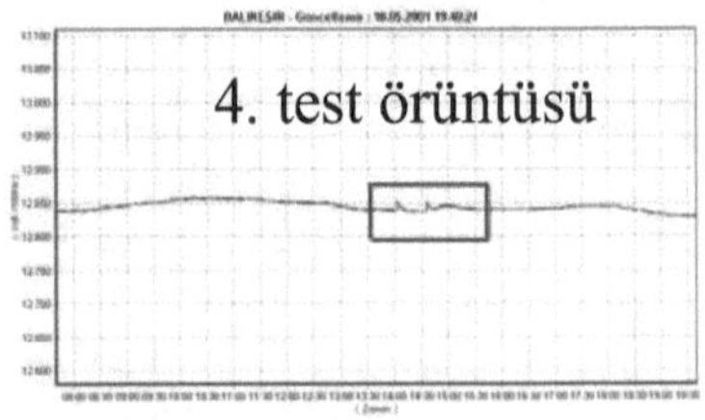

Balıkesir Terminali – 18.05.2001
Örüntü Saptama için [1 0]
Deprem kestirimi için [100 100 010]

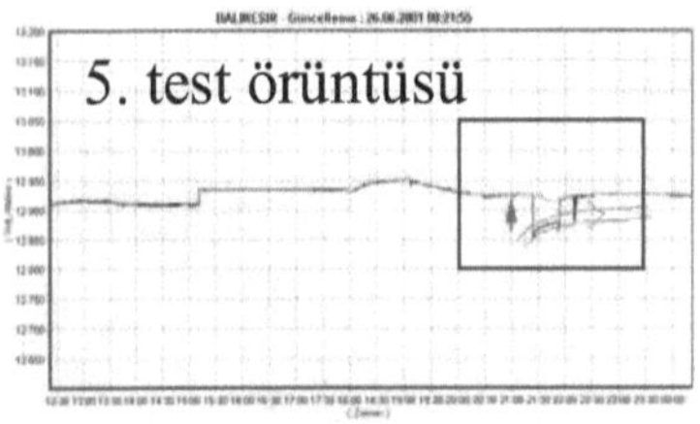

Balıkesir Terminali – 26.06.2001
Örüntü Saptama için [1 0]
Deprem kestirimi için [100 100 100]

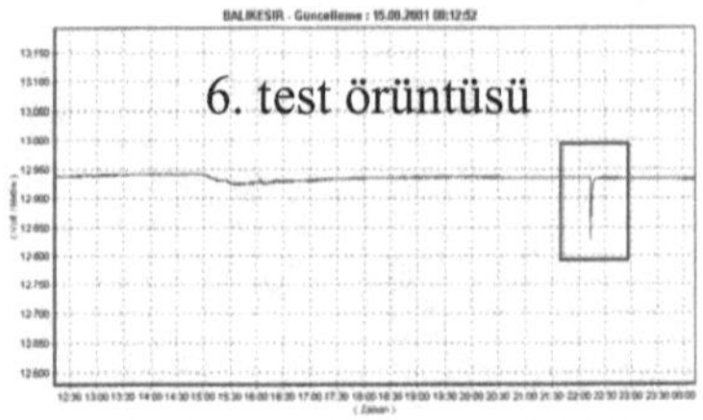

Balıkesir Terminali – 15.08.2001
Örüntü Saptama için [1 0]
Deprem kestirimi için [100 100 001]

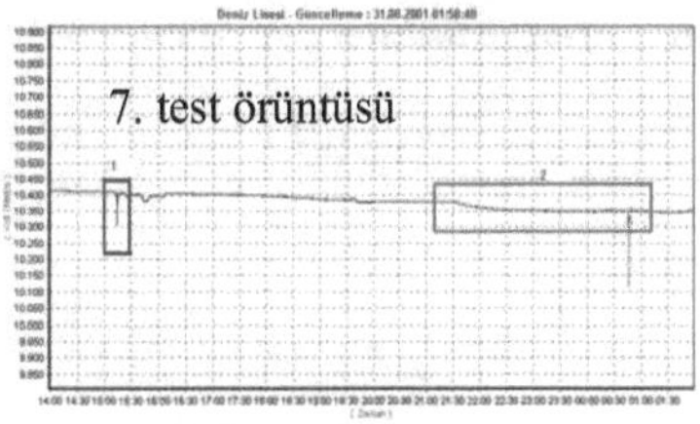

Denizli Lisesi – 31.08.2001
Örüntü Saptama için [1 0]
Deprem kestirimi için [010 100 001]

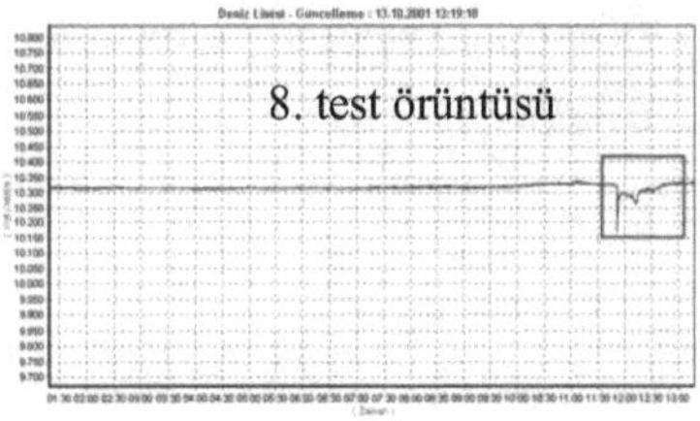

Denizli Lisesi – 13.10.2001
Örüntü Saptama için [1 0]
Deprem kestirimi için [100 100 010]

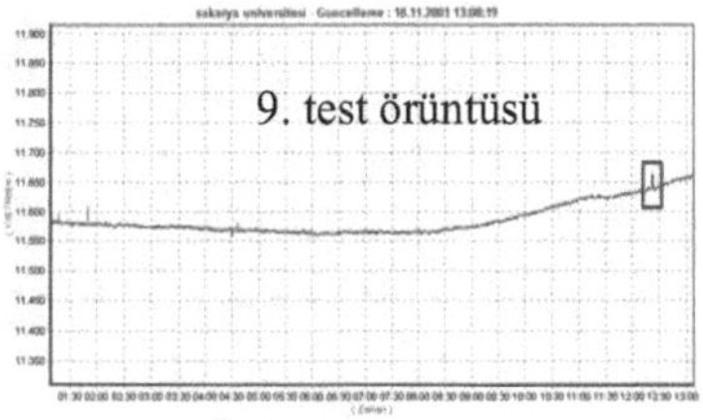

Sakarya Üniversitesi – 18.11.2001
Örüntü Saptama için [1 0]
Deprem kestirimi için [001 100 001]

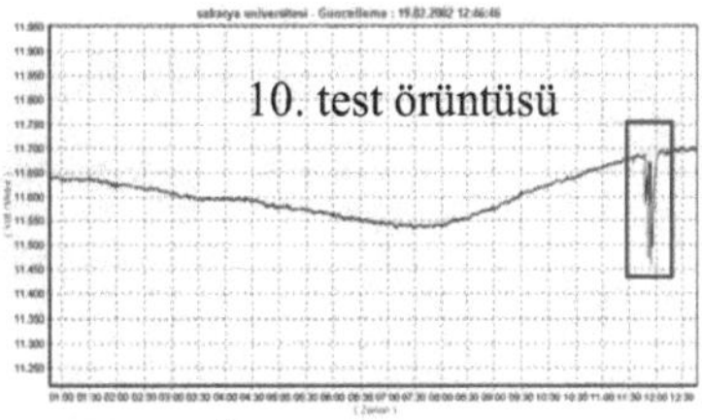

Sakarya Üniversitesi – 19.02.2002
Örüntü Saptama için [1 0]
Deprem kestirimi için [100 100 100]

Tablo A.4 *Deneme kümesinin olağan değişimi içeren örüntüleri ve uygulamaya göre kodları*

Tüm örüntüler için kullanılan kodlar

Örüntü Saptama için [0 1]

Deprem kestirimi için [000 000 000]

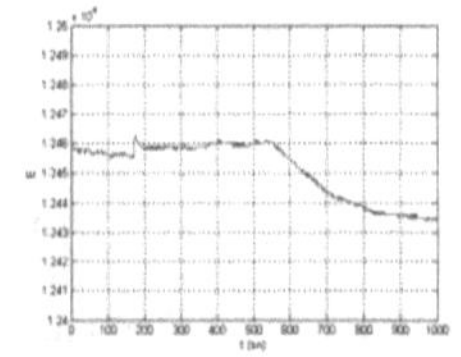

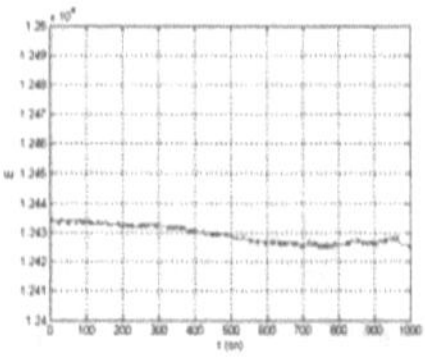

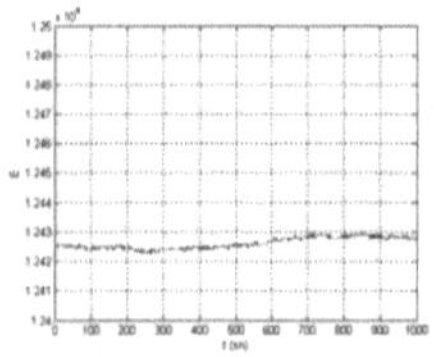

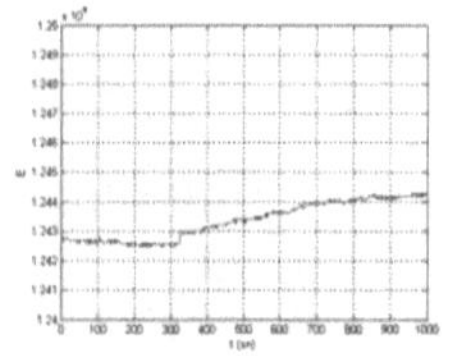

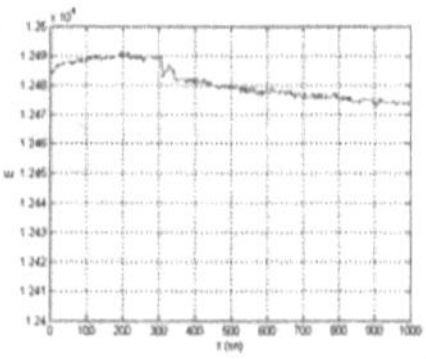

Ek-B. Özdüzenlemeli özellik haritalama ağında eğitim örüntülerini simgeleyen nöronların kafesteki konumları

Özdüzenlemeli özellik haritalama ağının eğitimi sonrasında. eğitim örüntülerini kazanan nöronların konumları Tablo B.1' de listelenmiştir. Şekil 3.22'de görülen eğitim örüntüsü ve örüntü numarası TabloB.1'de örüntü numarası olarak adlandırılan sütunda yer almıştır. Tablonun ikinci sütununda örüntünün olağan dışı değişim içerip içermediği belirtilmiştir. Tablo B.1' in üçüncü sütununda ise kafesteki nöronların hangi eğitim örüntüsünü simgelediği listelenmiştir. Listeden anlaşılacağı üzere. olağan dışı değişimi simgeleyen (17. 18. 19. 20) nöronların diğer nöronlara göre kafeste daha farklı konumlandıkları açıktır.

Tablo B.1 *Eğitim örüntülerini simgeleyen nöronların kafesteki konumları*

Örüntü No	*Olağan dışı bir örüntü*	*Kazanan nöronun konumu*
1	HAYIR	SIRA : 10 - KOLON : 8
2	HAYIR	SIRA : 10 - KOLON : 6
3	HAYIR	SIRA : 9 - KOLON : 7
4	HAYIR	SIRA : 8 - KOLON : 6
5	HAYIR	SIRA : 10 - KOLON : 9
6	HAYIR	SIRA : 8 - KOLON : 8
7	HAYIR	SIRA : 7 - KOLON : 8
8	HAYIR	SIRA : 7 - KOLON : 10
9	HAYIR	SIRA : 8 - KOLON : 9
10	HAYIR	SIRA : 10 - KOLON : 8
11	HAYIR	SIRA : 8 - KOLON : 7
12	HAYIR	SIRA : 10 - KOLON : 7
13	HAYIR	SIRA : 10 - KOLON : 6
14	HAYIR	SIRA : 10 - KOLON : 5
15	HAYIR	SIRA : 10 - KOLON : 5
16	HAYIR	SIRA : 9 - KOLON : 5
17	**EVET**	**SIRA : 1 - KOLON : 10**
18	**EVET**	**SIRA : 1 - KOLON : 1**
19	**EVET**	**SIRA : 1 - KOLON : 5**
20	**EVET**	**SIRA : 3 - KOLON : 7**
21	HAYIR	SIRA : 5 - KOLON : 7
22	HAYIR	SIRA : 7 - KOLON : 9
23	HAYIR	SIRA : 10 - KOLON : 4
24	HAYIR	SIRA : 8 - KOLON : 1
25	HAYIR	SIRA : 10 - KOLON : 1
26	HAYIR	SIRA : 10 - KOLON : 1
27	HAYIR	SIRA : 10 - KOLON : 1
28	HAYIR	SIRA : 10 - KOLON : 2

Ek-C. Özdüzenlemeli özellik haritalama ağında deneme örüntülerini simgeleyen nöronların kafesteki konumları

Özdüzenleme ağın sınanması için deneme kümesi olarak 28.03.2001 tarihli Balıkesir kaydı dikkate alınmıştır. Toplam 80 örüntüden oluşan deneme kümesinin örüntü numarası Tablo C.1' de listelenmiştir. Deneme örüntülerinin olağan dışı değişim içerip veya içermediği bilgileri tablonun ikinci sütununda verilmiştir. Tablo C.1' in üçüncü sütununda ise kafesteki nöronların hangi eğitim örüntüsünü simgelediği gösterilmiştir. Tablodan anlaşılacağı üzere. olağan dışı değişimi simgeleyen (17-27) nöronların diğer nöronlara göre kafeste daha farklı konumlandıkları açıktır.

Tablo C.1 *Deneme örüntülerini simgeleyen nöronların kafesteki konumları*

Örüntü No	*Olağan dışı bir örüntü*	*Kazanan nöronun konumu*
1	HAYIR	SIRA : 8 - KOLON : 3
2	HAYIR	SIRA : 9 - KOLON : 5
3	HAYIR	SIRA : 9 - KOLON : 8
4	HAYIR	SIRA : 9 - KOLON : 8
5	HAYIR	SIRA : 9 - KOLON : 8
6	HAYIR	SIRA : 9 - KOLON : 6
7	HAYIR	SIRA : 8 - KOLON : 3
8	HAYIR	SIRA : 7 - KOLON : 1
9	HAYIR	SIRA : 10 - KOLON : 1
10	HAYIR	SIRA : 10 - KOLON : 1
11	HAYIR	SIRA : 10 - KOLON : 1
12	HAYIR	SIRA : 8 - KOLON : 3
13	HAYIR	SIRA : 9 - KOLON : 4
14	HAYIR	SIRA : 9 - KOLON : 8
15	HAYIR	SIRA : 9 - KOLON : 8
16	HAYIR	SIRA : 10 - KOLON : 6
17	**EVET**	**SIRA : 8 - KOLON : 10**
18	**EVET**	**SIRA : 1 - KOLON : 10**
19	**EVET**	**SIRA : 1 - KOLON : 1**
20	**EVET**	**SIRA : 1 - KOLON : 1**
21	**EVET**	**SIRA : 1 - KOLON : 2**
22	**EVET**	**SIRA : 1 - KOLON : 3**
23	**EVET**	**SIRA : 1 - KOLON : 4**
24	**EVET**	**SIRA : 1 - KOLON : 6**
25	**EVET**	**SIRA : 2 - KOLON : 6**
26	**EVET**	**SIRA : 3 - KOLON : 6**
27	**EVET**	**SIRA : 3 - KOLON : 7**
28	HAYIR	SIRA : 3 - KOLON : 7
29	HAYIR	SIRA : 4 - KOLON : 6
30	HAYIR	SIRA : 4 - KOLON : 7
31	HAYIR	SIRA : 4 - KOLON : 6
32	HAYIR	SIRA : 3 - KOLON : 7
33	HAYIR	SIRA : 3 - KOLON : 7
34	HAYIR	SIRA : 3 - KOLON : 7

35	HAYIR	SIRA : 4 - KOLON : 6
36	HAYIR	SIRA : 3 - KOLON : 7
37	HAYIR	SIRA : 3 - KOLON : 7
38	HAYIR	SIRA : 3 - KOLON : 7
39	HAYIR	SIRA : 3 - KOLON : 7
40	HAYIR	SIRA : 3 - KOLON : 7
41	HAYIR	SIRA : 3 - KOLON : 7
42	HAYIR	SIRA : 3 - KOLON : 7
43	HAYIR	SIRA : 4 - KOLON : 6
44	HAYIR	SIRA : 4 - KOLON : 7
45	HAYIR	SIRA : 4 - KOLON : 7
46	HAYIR	SIRA : 4 - KOLON : 7
47	HAYIR	SIRA : 4 - KOLON : 7
48	HAYIR	SIRA : 4 - KOLON : 7
49	HAYIR	SIRA : 4 - KOLON : 7
50	HAYIR	SIRA : 5 - KOLON : 6
51	HAYIR	SIRA : 5 - KOLON : 6
52	HAYIR	SIRA : 5 - KOLON : 6
53	HAYIR	SIRA : 5 - KOLON : 6
54	HAYIR	SIRA : 5 - KOLON : 6
55	HAYIR	SIRA : 5 - KOLON : 6
56	HAYIR	SIRA : 5 - KOLON : 6
57	HAYIR	SIRA : 5 - KOLON : 6
58	HAYIR	SIRA : 5 - KOLON : 6
59	HAYIR	SIRA : 5 - KOLON : 6
60	HAYIR	SIRA : 4 - KOLON : 8
61	HAYIR	SIRA : 5 - KOLON : 6
62	HAYIR	SIRA : 5 - KOLON : 6
63	HAYIR	SIRA : 5 - KOLON : 6
64	HAYIR	SIRA : 5 - KOLON : 6
65	HAYIR	SIRA : 5 - KOLON : 6
66	HAYIR	SIRA : 5 - KOLON : 6
67	HAYIR	SIRA : 5 - KOLON : 6
68	HAYIR	SIRA : 5 - KOLON : 6
69	HAYIR	SIRA : 5 - KOLON : 6
70	HAYIR	SIRA : 5 - KOLON : 8
71	HAYIR	SIRA : 5 - KOLON : 9
72	HAYIR	SIRA : 5 - KOLON : 9
73	HAYIR	SIRA : 5 - KOLON : 9
74	HAYIR	SIRA : 5 - KOLON : 9
75	HAYIR	SIRA : 5 - KOLON : 9
76	HAYIR	SIRA : 6 - KOLON : 7
77	HAYIR	SIRA : 7 - KOLON : 7
78	HAYIR	SIRA : 9 - KOLON : 8
79	HAYIR	SIRA : 9 - KOLON : 8
80	HAYIR	SIRA : 9 - KOLON : 8

Ek-D. Dalgacık katsayıları ile oluşan sınıfların ÇKA ile etiketlendirilmesi ve ağın deneme sonuçları

Dalgacık katsayılarının oluşturduğu "olağan" ve "olağan dışı" şeklindeki sınıflar ÇKA yöntemi ile etiketlendirilmiştir. ÇKA bu amaçla eğitilmiş ve arkasından deneme kümesi ile sınanmıştır. Deneme kümesi toplam 120 örüntüden oluşmuştur. Ağın denenmesi ile elde edilen sonuç Tablo D.1' de listelenmiştir. Tablo D.1'in ilk iki sütununda. ağın çıkışında elde edilen sonuçlar yer almakta. Tablo D.1' in son iki sütunu ise ağın çıkışında görülmek istenen sonuçlar yer almaktadır. Tablodan anlaşılacağı üzere. ağın çıkışında görülmek istenen ile elde edilen sonuçların birbirine çok yakın değerler içerdikleri açıktır.

Tablo D.1 *Sınıfların ÇKA ile etiketlendirilmesinin deneme sonuçları*

Elde Edilen Sonuç		İstenilen Sonuç	
0.0530	0.9471	0.0100	0.9900
0.9929	0.0071	0.9900	0.0100
0.0530	0.9471	0.0100	0.9900
0.9998	0.0002	0.9900	0.0100
0.9998	0.0003	0.9900	0.0100
0.9998	0.0002	0.9900	0.0100
0.0530	0.9471	0.0100	0.9900
0.0530	0.9471	0.0100	0.9900
0.9997	0.0003	0.9900	0.0100
0.9998	0.0002	0.9900	0.0100
0.0530	0.9471	0.0100	0.9900
0.0530	0.9471	0.0100	0.9900
0.9993	0.0008	0.9900	0.0100
0.0530	0.9471	0.0100	0.9900
0.0530	0.9471	0.0100	0.9900
0.0530	0.9471	0.0100	0.9900
0.0530	0.9471	0.0100	0.9900
0.0530	0.9471	0.0100	0.9900
0.0530	0.9471	0.0100	0.9900
0.9998	0.0002	0.9900	0.0100
0.0530	0.9471	0.0100	0.9900
0.0530	0.9471	0.0100	0.9900
0.8970	0.1028	0.9900	0.0100
0.9997	0.0003	0.9900	0.0100
0.0530	0.9471	0.0100	0.9900
0.0530	0.9471	0.0100	0.9900
0.0530	0.9471	0.0100	0.9900
0.0530	0.9471	0.0100	0.9900
0.9998	0.0002	0.9900	0.0100
0.0369	0.9632	0.9900	0.0100
0.9997	0.0004	0.9900	0.0100

0.0530	0.9471	0.0100	0.9900
0.0530	0.9471	0.0100	0.9900
0.9997	0.0003	0.9900	0.0100
0.9998	0.0002	0.9900	0.0100
0.9998	0.0003	0.9900	0.0100
0.0530	0.9471	0.0100	0.9900
0.9998	0.0002	0.9900	0.0100
0.0530	0.9471	0.0100	0.9900
0.0530	0.9471	0.0100	0.9900
0.9998	0.0002	0.9900	0.0100
0.9984	0.0016	0.9900	0.0100
0.0530	0.9471	0.0100	0.9900
0.0530	0.9471	0.0100	0.9900
0.0530	0.9471	0.0100	0.9900
0.9998	0.0002	0.9900	0.0100
0.0530	0.9471	0.0100	0.9900
0.0530	0.9471	0.0100	0.9900
0.0530	0.9471	0.0100	0.9900
0.9998	0.0003	0.9900	0.0100
0.0530	0.9471	0.0100	0.9900
0.0530	0.9471	0.0100	0.9900
0.9998	0.0002	0.9900	0.0100
0.0530	0.9471	0.0100	0.9900
0.9998	0.0002	0.9900	0.0100
0.0530	0.9471	0.0100	0.9900
0.0530	0.9471	0.0100	0.9900
0.1779	0.8221	0.9900	0.0100
0.0530	0.9471	0.0100	0.9900
0.9998	0.0002	0.9900	0.0100
0.9994	0.0006	0.9900	0.0100
0.0530	0.9471	0.0100	0.9900
0.0530	0.9471	0.0100	0.9900
0.9997	0.0003	0.9900	0.0100
0.0530	0.9471	0.0100	0.9900
0.0530	0.9471	0.0100	0.9900
0.0530	0.9471	0.0100	0.9900
0.0530	0.9471	0.0100	0.9900
0.0530	0.9471	0.0100	0.9900
0.9998	0.0002	0.9900	0.0100
0.9998	0.0003	0.9900	0.0100
0.9997	0.0003	0.9900	0.0100
0.9998	0.0003	0.9900	0.0100
0.0530	0.9471	0.0100	0.9900
0.0530	0.9471	0.0100	0.9900
0.9998	0.0002	0.9900	0.0100
0.9956	0.0045	0.9900	0.0100
0.0530	0.9471	0.0100	0.9900
0.0530	0.9471	0.0100	0.9900
0.0530	0.9471	0.0100	0.9900
0.0530	0.9471	0.0100	0.9900
0.9948	0.0052	0.9900	0.0100
0.0530	0.9471	0.0100	0.9900

0.0530	0.9471	0.0100	0.9900
0.0530	0.9471	0.0100	0.9900
0.9998	0.0003	0.9900	0.0100
0.9998	0.0002	0.9900	0.0100
0.0530	0.9471	0.0100	0.9900
0.0530	0.9471	0.0100	0.9900
0.0530	0.9471	0.0100	0.9900
0.0530	0.9471	0.0100	0.9900
0.0530	0.9471	0.0100	0.9900
0.8625	0.1371	0.9900	0.0100
0.0530	0.9471	0.0100	0.9900
0.0530	0.9471	0.0100	0.9900
0.0530	0.9471	0.0100	0.9900
0.9998	0.0002	0.9900	0.0100
0.0530	0.9471	0.0100	0.9900
0.0530	0.9471	0.0100	0.9900
0.0530	0.9471	0.0100	0.9900
0.0530	0.9471	0.0100	0.9900
0.9993	0.0007	0.9900	0.0100
0.6133	0.3860	0.9900	0.0100
0.9994	0.0007	0.9900	0.0100
0.0530	0.9471	0.0100	0.9900
0.9997	0.0003	0.9900	0.0100
0.9998	0.0002	0.9900	0.0100
0.9998	0.0002	0.9900	0.0100
0.9685	0.0314	0.9900	0.0100
0.0530	0.9471	0.0100	0.9900
0.0530	0.9471	0.0100	0.9900
0.0530	0.9471	0.0100	0.9900
0.9998	0.0003	0.9900	0.0100
0.0530	0.9471	0.0100	0.9900
0.9997	0.0003	0.9900	0.0100
0.0530	0.9471	0.0100	0.9900
0.0530	0.9471	0.0100	0.9900
0.9996	0.0004	0.9900	0.0100
0.0530	0.9471	0.0100	0.9900
0.0530	0.9471	0.0100	0.9900

FSC
www.fsc.org
MIX
Papier | Fördert gute Waldnutzung
FSC® C083411

Kolibri 360 GmbH
Ferdinand-Jühlke-Straße 7
99095 Erfurt, Deutschland
produktsicherheit@kolibri360.de

Druck:
CPI Druckdienstleistungen GmbH
im Auftrag der
Kolibri 360 GmbH
Ferdinand-Jühlke-Str. 7
99095 Erfurt